温公家範

〔宋〕司馬光 撰
〔明〕陳世寳 校正

齊魯書社
·濟南·

圖書在版編目（CIP）數據

溫公家範 / (宋) 司馬光撰 ; (明) 陳世寶校正.
濟南 : 齊魯書社, 2024. 9. -- (《儒典》精粹).
ISBN 978-7-5333-4943-1

Ⅰ. B823.1

中國國家版本館CIP數據核字第2024UM4050號

責任編輯　張　超　劉　晨
裝幀設計　亓旭欣

溫公家範
WENGONG JIAFAN
〔宋〕司馬光　撰　〔明〕陳世寶　校正

主管單位	山東出版傳媒股份有限公司
出版發行	齊魯書社
社　　址	濟南市市中區舜耕路517號
郵　　編	250003
網　　址	www.qlss.com.cn
電子郵箱	qilupress@126.com
營銷中心	（0531）82098521　82098519　82098517
印　　刷	山東臨沂新華印刷物流集團有限責任公司
開　　本	880mm × 1230mm　1/32
印　　張	8.75
插　　頁	2
版　　次	2024年9月第1版
印　　次	2024年9月第1次印刷
標準書號	ISBN 978-7-5333-4943-1
定　　價	78.00圓

《〈儒典〉精粹》出版説明

《儒典》是對儒家經典的一次精選和萃編，集合了儒學著作的優良版本，展示了儒學發展的歷史脉絡。其中，《義理典》《志傳典》共收録六十九種元典，由齊魯書社出版。鑒於《儒典》采用套書和綫裝的形式，部頭大，價格高，不便於購買和日常使用，我們決定以《〈儒典〉精粹》爲叢書名，推出系列精裝單行本。

叢書約請古典文獻學領域的專家學者精選書目，并爲每種書撰寫解題，介紹作者生平、内容、版本流傳等情況，文簡義豐。叢書共三十三種，主要包括儒學研究的代表性專著和儒學人物的師承傳記兩大類。版本珍稀，不乏宋元善本。對於版心偏大者，適度縮小。爲便於檢索，另編排目録。不足之處，敬請讀者朋友批評指正。

齊魯書社

二〇二四年八月

《〈儒典〉精粹》書目（三十三種三十四册）

孔氏家語	荀子集解	孔叢子
春秋繁露	春秋繁露義證	鹽鐵論
新序	揚子法言	白虎通德論
潛夫論	中説	太極圖説　通書
龜山先生語録	張子語録	傳習録
張子正蒙注	先聖大訓	近思録
四存編	孔氏家儀	帝範
帝學	温公家範	文公家禮
聖門禮樂誌	東家雜記	孔氏祖庭廣記
伊洛淵源録	伊洛淵源續録	國朝漢學師承記
國朝宋學淵源記	孔子編年	孟子年表

解題

温公家範十卷，宋司馬光撰，明陳世寶校正，明萬曆七年莫與齊刻本

司馬光字君實，號迂叟，陜州夏縣人。宋仁宗寶元元年（一〇三八）進士甲科，歷官尚書左仆射兼門下侍郎，卒贈太師、温國公，謚文正。著有《資治通鑑》《涑水記聞》等。

是書見於《宋史·藝文志》《文獻通考》者，卷目俱與此相合，蓋猶原本。今存世主要版本有明萬曆間刻本、清《四庫全書》本、《留餘草堂叢書》本等，或題稱《温公家範》，或稱《家範》，以其爲修身齊家要典，爲世人所重。此本前有明萬曆七年（一五七九）馬平莫與齊《新刻温公家範序》、萬曆乙亥（三年，一五七五）温公十六世孫司馬祉《刻温公家範序》，後有嘉靖甲寅（三三年，一五五四）涑水馬巒跋、萬曆三年巒孫馬化龍《刊司馬温國文正公家範後序》、司馬晰《温公家範跋》。卷首次行題『明侍御鉅鹿後學陳世寶介錫校正』。細繹前後序跋，乃陳世寶萬曆三年知夏邑時取邑人馬氏家藏鈔本而鋟諸梓；及奉命巡視東南河道，復屬東昌知府莫與齊『梓而鋟之，將以播之人人而垂之世世』。

是書首載《周易·家人》卦辭，及節録《大學》《孝經》《堯典》《詩·思齊篇》語，以爲全書之序。其後自《治家》至《乳母》凡十九篇，皆雜采史事可爲法則者，亦間有司馬光自爲之説。《四庫全書》提要稱其『與朱子《小學》義例差異，而用意畧同；其節目備具，切於日用，簡而不煩，實足爲儒者治行之要。朱子嘗論《周禮·師氏》云：「至德以爲道本，明道先生以之；敏德以爲行本，司馬温公以之。」觀於是編「其型方訓俗之規」尤可以槩見矣』，洵確論也。

徐泳

目録

宋司馬温國文正公家範卷之十

新刻溫公家範序

先朝司馬文正公人物一時之冠因時弊不協退而著書立言緝有家範一帙若干篇將以垂之子孫世守之使無違其則者世遠人湮此書散逸久矣鉅康陳侍御公初蒞夏邑慕文正公為其鄉先達侍御公固志在天下國家者搜其遺書曰家範得而翻閱焉盖將之於散落之餘公為之

訂其訛叙其次分之為十卷既已付而鋟之
梓矣至是奉
命巡視東南河道肅紀貞度自公之暇輒取是
冊而披之每喟然興嘆曰古人治國平天下
之具自脩齊始其要莫大焉是刻也豈特可
行之一鄉而止于一鄉之人知所範也哉顧
其傳不廣則其行不遠出以示人曰天下皆
家也皆家皆當範於斯也復屬余取梓而鋟

之将以播之人人而垂之世世今攷其書彝
倫之道靡細不載以言乎九族之間則備矣
上自聖經賢傳之盡制盡倫與夫聖帝明王
之高踪遐矩下自王公大人一行之幾乎道
與夫田夫稚子一節之中乎倫處家庭之常
者自合乎經遭人倫之變者不失其正其擇
之者靡不精而語之者靡不詳大哉家範乎
誠可以爲天下後世取則矣記禮謂一道德

以同俗者不出乎此吾人慎斯以往能使一家之人其分秩如其和睢如其儀凜如内外由是尊卑由是親疎厚薄由是孟子曰人人親其親長其長而天下平固有不出户庭之間而治道可登于上理矣文王之化詠于周南説者以為脩身齊家之效南國諸侯大夫之被其化者皆知所以脩其身而正其家不為周南召南夫子以為正牆面而立則是範

之係於人也豈淺淺乎哉文正公以是筆之
於書則所以貽厥孫謀也其說長
侍御公以是鏤之於版則所以嘉惠後學也
其志遠於乎士君子之在當世皆有天下國
家之責者若知二公垂範之為功矣亦知所
以脩於家不出乎範以成二公之功者哉
萬曆七年季夏朔日
賜進士出身知東昌府事馮平後學莫與齊頓

首拜書

刻温公家範序

予祖温公夏人也自公曾孫吏部侍郎伋扈宋高宗駕南渡遷浙之山陰子孫因家焉距祉以譜系計凡十有六世矣先是由甲第起家者若族祖曰恂曰璽卒來展謁塋下修舉祀事家君相登正德辛巳進士嘉靖丁亥主事比部請假伏臘舉春盤瞻依戀戀不忍去卜築於茲竟以解組未果伯兄癸丑進士 初甫任遽卒亦抱志以終迄隆慶丁卯祉始攜伯兄子晰偕來奉祀用成父兄志云顧夫奔旅之後遺書湮失剞

自浙来夏負笈間關自傳家集而外稽古潛虛
徽言錄僅僅數卷相與珍守而寳藏之每恨未
備又自慚積書未能讀且未能守也乃邑有馬
氏好古多經籍自其梅軒公與家君交善迨雲
樓君亦熟交於伯兄嗣是其子若孫誼隆世講
間出其所藏温公家範者示予予誦之愧而思
曰家範以範家也而為子孫者至是始得閱之
於是計畀而錄欲削木而梓而未之就適
守翁陳侯來蒞兹土所行事一以公為師逾三年
侯以奏最奉

命嘗擢去而以無所裨述作於先公為歉審知其故
索而梓之不越旬而厥工告竣嗚呼
侯之用心於先公也亦篤且斷矣哉蓋昔者宋哲
后重先公之亡命蘇文忠公表其墓而揭其文
於豐碑以樹昭厥德後為奸黨所擠仆之而碑
以掩沒比金皇統間有龜杏之異賴王令而故
物復存以是知物之隱顯固有其時亦有待於
人也微王令則昭德之碑未獲存於今日微
陳侯則垂世之書或未遽傳於後世其功蓋俱甚
博也已或者謂先公著述其用心與力之勞不

盡此而以是示人得無漏乎予曰積德冥冥之
中為子孫長久計此先公言也家範為子孫謀
也而所謂積德者於此亦畧可見故夫讀是書
者知先公積德之意則知我
侯命刻之意矣是為序
皆
萬曆乙亥季春之吉
賜進士出身觀禮部政温公十六世孫治下門生
司馬祉頓首撰

宋司馬温國文正公家範卷之一

明侍御鉅鹿後學陳世寶介錫校正

周易䷤離下巽上家人利女貞

彖曰家人女正位乎內謂二也男正位乎外謂五也

家人之義以內為本故先說女也

男女正天地之大義也家人有嚴君焉父母之謂也父父子子兄兄弟弟夫夫婦婦而家道正正家而天下定矣

象曰風自火出家人

由內以相成熾也

君子以言有物而行有恒
家人之道修於近小而不妄也故君子以言必有物而口無擇言行必有恒而身無擇行
初九閑有家悔亡
凡教在初而法在始家瀆而後嚴之志變而後治之則悔矣處家人之初為家人之始故宜必以閑有家然後悔亡也
象曰閑有家志未變也
六二無攸遂在中饋貞吉
居內處中履得其位以陰應陽盡婦人之正義無

所必遂職乎中饋巽順而已是以貞吉也

象曰六二之吉順以巽也

九三家人嗃嗃悔厲吉婦子嘻嘻終吝

以陽處陽剛嚴者也處下體之極為一家之長者也行與其慢寧過乎恭家與其瀆寧處乎嚴是以家人雖嗃嗃悔厲猶得其道婦子嘻嘻乃失其節也

象曰家人嗃嗃未失也婦子嘻嘻失家節也

六四富家大吉

能以其富順而處位故大吉也若但能富其家何

足為大吉體柔居巽履得其位明於家道以至近
尊能富其家也
象曰富家大吉順在位也
九五王假有家勿恤吉
假至也履正而應處尊體巽王至斯道以有其家
者也居於尊位而明於家道則下莫不化矣父父
子子兄兄弟弟夫夫婦婦六親和睦交相愛樂而
家道正正家而天下定矣故王假有家則勿恤而
吉
象曰王假有家交相愛也

上九有孚威如終吉

處家人之終居家道之成刑於寡妻以著於外者也故曰有孚凡物以猛爲本者則患在寡恩以愛爲本者則患在寡威故家人之道尚威嚴也家道可終唯信與威身得威敬人亦如之反之於身則知施於人也

象曰威如之吉反身之謂也

大學曰古之欲明明德於天下者先治其國欲治其國者先齊其家欲齊其家者先修其身欲修其身者先正其心欲正其心者先誠其意欲誠其意者先致

其知致知在格物物格而後知至知至而後意誠意誠而後心正心正而后身修身修而后家齊家齊而后國治國治而后天下平自天子以至於庶人一是皆以修身為本其本亂而末治者否矣其所厚者薄而其所薄者厚未之有也此謂知本此謂知之至也所謂治國必先齊其家者其家不可教而能教人者無之故君子不出家而成教於國孝者所以事君也弟者所以事長也慈者所以使衆也詩云桃之夭夭其葉蓁蓁之子于歸宜其家人宜其家人而後可以教國人詩云宜兄宜弟宜兄宜弟而後可以教國人

詩云其儀不忒正是四國其為父子兄弟足法而後民法之也此謂治國在齊其家

孝經曰閨門之內其禮矣乎

宫中之門其小者謂之閨禮者所以治天下之法也閨門之內其治至狹然而治天下之法舉在是矣

嚴父嚴兄

事君事長之禮也

妻子臣妾猶百姓徒役也

徒役阜牧也妻子猶百姓臣妾猶阜牧御之必以

其道然後上下相安

昔四岳薦舜於堯曰瞽子父頑母嚚象傲

無目曰瞽舜父有目不能分別好惡故時人謂之瞽配字曰瞍瞍無目之稱心不則德義之經為頑象舜弟之字傲慢不友言並惡

克諧以孝烝烝乂不格姦

諧和烝進也言能以至孝和諧頑嚚昏傲使進進以善自治不至於姦惡

帝曰我其試哉

言欲試舜觀其行跡

女于時觀厥刑于二女

女妻刑法也堯於是以二女妻舜觀其法度接二女以治家

釐降二女于嬀汭嬪于虞

降下嬪婦也舜為匹夫能以義理下帝女之心於所居嬀水之汭使行婦道於虞氏

帝曰欽哉

歎舜能修已行敬以安人則其所能者大矣

詩稱文王之德曰刑於寡妻至於兄弟以御于家邦此皆一聖人正家以正天下者也降於後世爰自卿士

以至匹夫亦有家行隆美可為人法者今采集以為家範

治家

衛石碏曰君義臣行父慈子孝兄愛弟敬所謂六順也齊晏嬰曰君令臣共父慈子孝兄愛弟敬夫和妻柔姑慈婦聽禮也君令而不違臣共而不貳父慈而教子孝而箴兄愛而友弟敬而順夫和而義妻柔而正姑慈而從婦聽而婉禮之善物也夫治家莫如禮男女之別禮之大節也故治家者必以為元禮男女不雜坐不同椸枷不同巾櫛不親授受嫂叔不通問

諸母不漱裳外言不入於梱內言不出於梱女子許嫁纓非有大故不入其門姑姊妹女子子已嫁而反兄弟弗與同席而坐弗與同器而食

皆為重別也不雜坐謂男子在堂女子在房也椸可以枷衣者通問謂相稱謝也諸母庶母也漱澣也庶母賤可使漱衣不可使漱裳裳賤尊之者亦所以遠別也外言內言男女之職也不出入者不以相問也梱門限也女子許嫁繫纓有從人之端也大故宮中有災變若疾病乃後入也女子有宮者亦謂由命士以上也春秋傳曰羣公子之舍則

已畢矣女子十年而不出嫁及成人可以出矣猶
不與男子共席而坐亦遠別也
男女非有行媒不相知名
見媒往來傳婚姻之言乃相知姓名
非受幣不交不親
重別有禮乃相纏固
故日月以告君
周禮凡取判妻入子者媒氏書之以告君謂此也
齋戒以告鬼神
婚禮凡受女之禮皆於廟為神席以告鬼神謂此

也

為酒食以召鄉黨僚友

會賓客也

以厚其別也

厚重慎也

又男女非祭非喪不相授器

其相授則女受以篚其無篚則皆坐奠之而後取之

祭嚴喪遽不嫌也

奠停地也

外內不共井不共湢浴不通寢席不通乞假男子入

內不笑不指夜行以燭無燭則止

笑讀謂吒吒嫵有隱使也

女子出門必擁蔽其面夜行以燭無燭則止

擁獨障也

道路男子由右女子由左

地道尊右

又子生七歲男女不同席不共食

厚其別也

男子十年出就外傅居宿於外

外傅教學之師

女子十年不出

恒居内也

又婦人送迎不出門見兄弟不踰閾

閾限也

又國君夫人父母在則有歸寧沒則使卿寧

魯公父文伯之母如季氏

如之也

康子在其朝

自其外朝也

與之言弗應從之及寢門弗應而入

入康子之家也

康子辭於朝而入見

辭其家臣入見敬姜也

曰肥也不得聞命無乃罪乎曰寢門之內婦人治其業焉上下同之

寢門正室之門也上下天子已下也

夫外朝子將業君之官職焉內朝子將庀季氏之政焉

庀治也

皆非吾所敢言也

公父文伯之母季康子之從祖叔母也康子往焉䦱門而與之言皆不踰閾仲尼聞之以為別於男女之禮矣

䦱闢也門寢門也

漢萬石君石奮無文學恭謹舉無與比奮長子建次甲次乙次慶皆以馴行孝謹官至二千石於是景帝曰石君及四子皆二千石人臣尊寵乃舉集其門故號奮為萬石君孝景季年萬石君以上大夫祿歸老于家子孫為小吏來歸謁萬石君必朝服見之不名子孫有過失不誚讓為便坐對案不食然後諸子相

責因長老肉袒固謝罪改之乃許子孫勝冠者在側雖燕必冠申申如也僮僕訢訢如也唯謹其執喪哀戚甚子孫遵教亦如之萬石君家以孝謹聞乎郡國雖齊魯諸儒質行皆自以為不及也建元二年郎中令王臧以文學獲罪皇太后太后以為儒者文多質少今萬石君家不言而躬行乃以長子建為郎中令少子慶為內史建老白首萬石君尚無恙每五日洗沐歸謁親入子舍竊問侍者取親中帬廁牏身自澣灑復與侍者不敢令萬石君知之以為常萬石君徙居陵里內史慶醉歸入外門不下車萬石君聞之不

食慶恐肉袒謝罪不許舉宗及兄建肉袒萬石君讓曰內史貴人入閭里里中長老皆走匿而內史坐車自如固當乃謝罷慶慶及諸子入里門趨至家萬石君元朔五年卒建哭泣哀思杖乃能行歲餘建亦死諸子孫咸孝然建最甚

甚孝於萬石君

樊重字君雲世善農稼好貨殖重性溫厚有法度三世共財子孫朝夕禮敬常若公家其經營產業物無所棄課役童隸各得其宜故能上下勠力財利遂倍乃至開廣田土三百餘頃其所起廬舍皆重堂高閣

陂渠灌注又池魚牧畜有求必給嘗欲作器物先種梓漆時人嗤之然積以歲月皆得其用向之笑者咸求假焉貲至巨萬而賑贍宗族恩加鄉閭外孫何氏兄弟爭財重恥之以田二頃解其忿訟縣中稱美推為三老年八十餘終其素所假貸人間數百萬遺令焚削文契債家聞者皆慙爭往償之諸子從敕竟不肯受

南陽馮良志行高潔遇妻子如君臣

宋侍中謝弘微從叔混以劉毅黨見誅混妻晉陽公主改適琅邪王練公主雖執意不行而詔與謝氏離

絕公主以混家事委之弘微混仍世宰相一門兩封田業十餘處僮役千人唯有二女年並數歲弘微經紀生業事若在公一錢尺帛出入皆有文簿宋武受命晉陽公主降封東鄉君節義可嘉聽還謝氏自混亡至是九年而室宇修整倉廩充盈門徒不異平日田疇墾闢有加於舊東鄉嘆曰僕射生平重此一子可謂知人僕射為不亡矣中外親姻道俗義舊見東鄉之歸者入門莫不歎息或為流涕感弘微之義也弘微性嚴正舉止必修禮度婢僕之前不妄言笑由是尊卑大小敬之若神及東鄉君薨遺財千萬園宅

十餘所及會稽吳興琅邪諸處太傅安司空琰時事業奴僮猶數百人公私或謂室內資財宜歸二女田宅僮僕應屬弘微弘微一物不取自以私祿營葬混女夫殷叡素好樗蒲聞弘微不取財物乃濫奪其妻妹及伯母兩姑之分以還戲債內人皆化弘微之讓一無所爭弘微舅子領軍將軍劉湛謂弘微曰天下事宜有裁衷卿此不問何以居官弘微笑而不答或有譏以謝氏累世財產充殷君一朝戲債譬棄物江海以為廉耳弘微曰親戚爭財為鄙之甚今內人尚能無言豈可道之使爭今分多共少不至有乏身死

之後豈復見鬪

劉君良瀛州樂壽人累世同居兄弟至四從皆如同氣尺布斗粟相與共之隋末天下大飢盜賊群起君良妻欲其異居乃自取庭樹鳥雛交置巢中於是羣鳥大相與鬪舉家怪之妻乃說君良曰今天下大亂爭鬪之秋群鳥尚不能聚居而況人乎君良以爲然遂相與析居月餘君良乃知其謀夜攬妻髮罵曰破家賊乃汝耶悉召兄弟哭而告之立逐其妻復聚居如初鄉里依之以避盜賊號曰義成堡宅有六院共一厨子弟數十人皆以禮法貞觀六年詔旌表其門

張公藝鄆州壽張人九世同居北齊隋唐皆旌表其門麟德中高宗封泰山過壽張幸其宅召見公藝問所以能睦族之道公藝請紙筆以對乃書忍字百餘以進其意以為宗族所以不協由尊長衣食或有不均卑幼禮節或有不備更相責望遂成乖爭苟能相與忍之則常睦雍矣

唐河東節度使柳公綽在公卿間最名有家法中門東有小齋自非朝謁之日每平旦輒出至小齋諸子仲郢等皆束帶晨省於中門之北公綽決公私事接賓客與弟公權及羣從弟再食自旦至暮不離小齋

燭至則以次命子弟一人執經史立燭前即讀一過畢乃講議居官治家之法或論文或聽琴至人定鍾然後歸寢諸子復昏定於中門之北凡二十餘年未嘗一日變易其遇飢歲則諸子皆蔬食曰昔吾兄弟侍先君爲丹州刺史以學業未成不聽食肉吾不敢忘也姑姊妹姪有孤嫠者雖疏遠必爲擇婿嫁之皆用刻木粧奩纈文絹爲資裝常言必待資粧豐備何如嫁不失時及公綽薨仲郢一遵其法

國朝公卿能守先法久而不衰者唯故李相昉家子孫數世二百餘口猶同居共爨田園邸舍所收及有

官者俸祿皆聚之一庫計口日給餅飯婚姻喪葬所
費皆有常數分命子弟掌其事其規模大抵出於翰
林學士宗誥所制也夫人爪牙之利不及虎豹膂力
之強不及熊羆奔走之疾不及麋鹿飛颺之高不及
燕雀苟非羣聚以禦外患則反為異類食矣是故聖
人教之以禮使人知父子兄弟之親人知愛其父則
知愛其兄弟矣愛其祖則知愛其宗族矣如枝葉之
附於根榦手足之繫於身首不可離也豈徒使其粲
然條理以為榮觀哉乃實欲更相依庇以扞外患也
吐谷渾阿豺有子二十人病且死謂曰汝等各奉吾

一隻箭將玩之俄而命母弟慕利延曰汝取十九隻箭折之慕利延不能折阿豺曰汝曹知否單者易折衆者難摧戮力一心然後社稷可固言終而死彼戎狄也猶知宗族相保以為強況華夏乎聖人知一族不足以獨立也故又為之甥舅婚媾姻婭以輔之猶懼其未也故又愛養百姓以衛之故愛親者所以愛其身也愛民者所以愛其親也如是則其身安若泰山壽如箕翼他人安得而侮之哉故自古聖賢未有不先親其九族然後能施及他人者也彼愚者則不然棄其九族遠其兄弟欲以專利其身殊不知身既

孤人斯戕之矣於利何有哉昔周厲王棄其九族詩人刺之曰懷德惟寍宗子惟城毋俾城壞毋獨斯畏苟爲獨居斯可畏矣

宋昭公將去群公子樂豫曰不可公族公室之枝葉也若去之則本根無所庇廕矣葛藟猶能庇其根本故君子以爲比況國君乎此諺所謂庇焉而縱尋斧焉者也必不可君其圖之親之以德皆股肱也誰敢攜貳若之何去之昭公不聽果及於亂

華亥欲代其兄合比爲右師譖於平公而逐之左師曰汝亥也必亡汝喪而宗室於人何有人亦於汝何

有既而華亥果亡

孔子曰不愛其親而愛他人者謂之悖德不敬其親而敬他人者謂之悖禮以順則逆民無則焉不在於善而皆在於凶德雖得之君子不貴也故欲愛其身而棄其宗族焉在其能愛身也

孔子曰均無貧和無寡安無傾善爲家者盡其所有而均之雖糲食不飽敝衣不完人無怨矣夫怨之所生生於自私及有厚薄也

漢世諺曰一尺布尚可縫一斗粟尚可舂言尺布可縫而共衣斗粟可舂而共食譏文帝以天下之富不

能容其弟也

梁中書侍郎裴子野家貧妻子常苦飢寒中表貧乏者皆收養之時逢水旱以二碩米為薄粥僅得徧焉躬自同之曾無厭色此謂睦族之道者也

宋司馬温國文正公家範卷之一終

宋司馬温國文正公家範卷之二

明侍御鉅鹿後學陳世寶介錫校正

祖

為人祖者莫不思利其後世然果能利之者鮮矣何以言之今之為後世謀者不過廣營生計以遺之田疇連阡陌邸肆跨坊曲粟麥盈囷倉金帛充篋笥慊慊然求之猶未足施施然自以為子子孫孫累世用之莫能盡也然不知以義方訓其子以禮法齊其家自於數十年中勤身苦體以聚之而子孫於時歲之間奢靡游蕩以散之反笑其祖考之愚不知自娛又

怨其吝嗇無恩於我而厲害之也始則欺紿攘竊以充其欲不足則立約舉債於人俟其死而償之觀其意惟患其考之壽也甚者至於有疾不療陰行酖毒亦有之矣然則鄉之所以利後世者適足以長子孫之惡而爲身禍也頃嘗有士大夫其先亦國朝名臣也家甚富而尤吝嗇斗升之粟尺寸之帛必身自出納鎖而封之晝則佩鑰於身夜則置鑰於枕下病甚困絶不知人子孫竊其鑰開藏室發篋笥取其財其人後蘇即捫枕下求鑰不得憤怒遂卒其子孫不哭相與爭匿其財遂致鬭訟其處女亦蒙首執牒自訐

於府庭以爭嫁資為鄉黨笑蓋由子孫自幼及長惟
知有利不知有義故也夫生生之資固人所不能無
然勿求多餘多餘希不為累矣使其子孫果賢邪豈
蔬糲布褐不能自營至死於道路乎若其不賢邪雖
積金滿堂奚益哉多藏以遺子孫吾見其愚之甚也
然則聖賢皆不顧子孫之匱乏邪曰何為其然也昔
者聖人遺子孫以德以禮賢人遺子孫以廉以儉舜
自側微積德至於為帝子孫保之享國百世而不絕
周自后稷公劉太王王季文王積德累功至於武王
而有天下其詩曰詒厥孫謀以燕翼子言豐德澤明

禮法以遺後世而安固之也故能子孫承統八百餘年其支庶猶為天下之顯諸侯棋布於海内其為利豈不大哉

孫叔敖為楚相將死戒其子曰王數封我矣吾不受也我死王則封汝必無受利地楚越之間有寢丘者此其地不利而名甚惡可長有者唯此也孫叔敖死王以美地封其子其子辭請寢丘累世不失

漢相國蕭何買田宅必居窮僻處為家不治垣屋曰令後世賢師吾儉不賢無為勢家所奪

太子太傅疏廣乞骸骨歸鄉里天子賜金二十斤太

子贈以五十斤廣日令家具設酒食請族人故舊賓客相與娛樂數問其家金餘尚有幾何趣賣以共具居歲餘廣子孫竊謂其昆弟老人廣所信愛者曰子孫冀及君時頗立產業基址今日飲食費且盡宜從丈人所勸說君買田宅老人即以閒暇時為廣言此計廣曰吾豈老誖不念子孫哉顧自有舊田廬令子孫勤力其中足以共衣食與凡人齊今復增益之以為贏餘但教子孫怠惰耳賢而多財則損其志愚而多財則益其過且夫富者衆之怨也吾既亡以教化子孫不欲益其過而生怨

涿郡太守楊震性公廉子孫常蔬食步行故舊長者
或欲公為開産業震不肯曰使後世稱為清白吏子
孫以此遺之不亦厚乎
南唐德勝軍節度使兼中書令周本好施或勸之曰
公春秋高宜少留餘貲以遺子孫本曰吾繫草屨事
吳武王佐立將相誰遺之乎
近故張文節公為宰相所居堂室不蔽風雨服用飲
膳與始為河陽書記時無異其所親或規之曰公月
入俸祿幾何而自奉儉薄如此外人不以公清儉為
美反以為有公孫布被之詐文節嘆曰以吾今日之

祿雖侯服玉食何憂不足然人情由儉入奢則易由奢入儉則難此祿安能常恃一旦失之家人既習於奢不能頓儉必至失所曷若無失其常吾雖為世家人猶如今日乎聞者服其遠慮此皆以德業遺子孫者也所得顧不多乎

晉光祿大夫張澄當葬父郭璞為占墓地曰葬某處年過百歲位至三司而子孫不蕃某處年幾減半位裁卿校而累世貴顯澄乃葬其劣處位止光祿年六十四而亡其子孫昌熾公侯將相至梁陳不絕雖未必因葬地而然是見其愛子孫厚於身矣先公既登

侍從常曰吾所得已多當留以遺子孫處心如此其顧念後世不亦深乎

宋司馬温國文正公家範卷之二

宋司馬温國文正公家範卷之三

明侍御鉅鹿後學陳世寶介錫校正

父

陳亢問於伯魚曰子亦有異聞乎對曰未也嘗獨立鯉趨而過庭曰學詩乎對曰未也不學詩無以言鯉退而學詩他日又獨立鯉趨而過庭曰學禮乎對曰未也不學禮無以立鯉退而學禮聞斯二者陳亢退而喜曰問一得三聞詩聞禮又聞君子之遠其子也遠者非疏遠之謂也謂其進見有時接遇有禮不朝夕嘻嘻相褻狎也

曾子曰君子之於子愛之而勿面使之而勿貌導之以道而勿強言心雖愛之不形於外常以嚴莊莅之不以辭色悅之也不遵之以道是棄之也然強之或傷恩故以日月漸磨之也

北齊黃門侍郎顏子推家訓曰父子之嚴不可以狎骨肉之愛不可以簡簡則慈孝不接狎則怠慢生焉由命士以上父子異宮此不狎之道也抑搔癢痛懸衾篋枕此不簡之教也

石碏諫衛莊公曰臣聞愛子教之以義方弗納於邪驕奢淫泆所自邪也四者之來寵祿過也自古知愛

子不知教使至於危辱亂亡者可勝數哉夫愛之當教之使成人愛之而使陷於危辱亂亡烏在其能愛子也人之愛其子者多曰兒幼未有知耳俟其長而教之是猶養惡木之萌芽曰俟其合抱而伐之其用力顧不多哉又如開籠放鳥而捕之解韁放馬而逐之曷若勿縱勿解之為易也

曲禮幼子常視毋誑

　小未有所知常示以正物以正教之毋誑欺

立必正方不傾聽

　習其自端正

長者與之提攜則兩手奉長者之手

習其扶持尊者提攜謂牽将行

負劒辟咡詔之

負謂置之於背劒謂挾之於傍辟咡詔之謂傾頭

與語口旁曰咡

則掩口而對

習其鄉尊者屏氣也

内則子能食食教以右手能言男唯女俞男鞶革女

鞶絲

俞然也鞶小囊盛帨巾者男用革女用繒有飾緣

之

六年教之數與方名

方名東西南北之類

七年男女不同席不共食

早其別也

八年出入門戶及即席飲食必後長者始教之讓

視以廉恥

九年教之數日

知朔望與六甲也

十年出就外傅居宿於外學書計十有三年學樂誦

詩舞勺成童舞象學射御

成童十五以上

曾子之妻出外兒隨而啼妻曰勿啼吾歸為爾殺豕妻歸以語曾子曾子即烹豕以食兒曰毋教兒欺也

賈誼言古之王者太子始生固舉以禮使士負之過闕則下過廟則趨孝子之道也故自為赤子而教固已行矣提孩有識三公三少固明孝仁義禮以道習之逐去邪人不使見惡行於是皆選天下之端士孝弟博聞有道術者以衛翼之使與太子居處出入故太子乃生而見正事聞正言行正道左右前後皆正

人也夫習與正人居之不能毋正猶生長於齊不能不齊言也習與不正人居之不能毋不正猶生長於楚不能不楚言也

顔氏家訓曰古者聖王子生咳[口是]師保固明仁孝禮義道習之矣凡庶縱不能爾當及嬰稚識人顔色知人喜怒便加教誨使為則為使止則止比及數歲可省笞罰父母威嚴而有慈則子女畏慎而生孝矣吾見世間無教而有愛每不能然飲食運為恣其所欲宜誡翻獎應呵反笑至有識知謂法當爾憍慢已習方乃制之捶撻至死而無威忿怒日隆而增怨逮于

長成終為敗德孔子云少成若天性習慣如自然是也諺云教婦初來教兒嬰孩誠哉斯言

凡人不能教子女者亦非欲陷其罪惡但重於訶怒傷其顏色不忍楚撻慘其肌膚爾當以疾病為喻安得不用湯藥鍼艾救之哉又宜思勤督訓者豈願苛虐於骨肉乎誠不得已也

王大司馬

梁大司馬王僧辯也

母衛夫人性甚嚴正王在湓城為三千人將年踰四十少不知意猶楚撻之故能成其勳業

梁元帝時有一學士聰敏有才少為父所寵失於教義一言之是徧於行路終年譽之一行之非掩藏文飾冀其自改年登婚宦暴慢日滋竟以語言不擇為周逖抽腸釁鼓云然則愛而不教適所以害之也傅稱鳲鳩之養其子朝從上下暮從下上平均如一至於人或不能然記曰父之於子也親賢而下無能使其所親果賢也所下果無能也則善矣其溺於私愛者往往親其無能而下其賢則禍亂由此而興矣

顏氏家訓曰人之愛子罕亦能均自古及今此弊多矣賢俊者自可賞愛頑魯者亦當矜憐有偏寵者雖

歆以厚之更所以禍之共叔之死母實爲之趙王之戮父實使之劉表之傾宗覆族袁紹之地裂兵亡可謂靈龜明鑑此通論也

曾子出其妻終身不取妻其子元請焉曾子告其子曰高宗以後妻殺孝巳尹吉甫以後妻放伯奇吾上不及高宗中不比吉甫庸知其得免於非乎

後漢尚書令朱暉年五十失妻昆弟欲爲繼室暉歎曰時俗希不以後妻敗家者遂不娶今之人年長而子孫俱者得不以先賢爲鑑乎

內則曰子婦未孝未敬勿庸疾怨

庸之言用也
姑教之若不可教而後怒之
怒譴責也
不可怒子放婦出而不表禮焉
表猶明也猶爲之隱不明其犯禮之過也
君子之所以治其子婦盡於是而已矣今世俗之人
其柔懦者子婦之過尚小則不能教而嘿藏之及其
稍著又不能怒而心恨之至於惡積罪大不可禁遏
則喑嗚鬱悒至有成疾而終者如此有子不若無子
之爲愈也其不仁者則縱其情性殘忍暴戾或聽後

妻之讒或用嬖寵之計擯朴過分棄逐凍餒必欲寘之死地而後已康誥稱子弗祗服厥父事大傷厥考心于父不能字厥子乃疾厥子謂之元惡大憝蓋言不孝不慈其罪均也

母

為人母者不患不慈患於知愛而不知教也古人有言曰慈母敗子愛而不教使淪於不肖陷於大惡入於刑辟歸於亂亡非他人敗之也母敗之也自古及今若是者多矣不可悉數

周大任之娠文王也目不視惡色耳不聽淫聲口不

出傲言文王生而明聖卒為周宗君子謂大任能胎
教古者婦人妊子寢不側坐不邊立不蹕不食邪味
割不正不食席不正不坐目不視邪色耳不聽淫聲
夜則令瞽誦詩道正事如此則生子形容端正才藝
愽通矣彼其子尚未生也固已教之況已生乎
孟軻之母其舍近墓孟子之少也嬉戲為墓間之事
踊躍築埋孟母曰此非所以居之也乃去舍市傍其
嬉戲為衒賣之事孟母又曰此非所以居之也乃徙
舍學宮之傍其嬉戲乃設俎豆揖讓進退孟母曰此
真可以居子矣遂居之孟子幼時問東家殺猪何為

母曰欲啖汝既而悔曰吾聞古有胎教今適有知而
欺之是教之不信乃買豬肉食既長就學遂成大儒
彼其子尚幼也固已慎其所習况已長乎
漢丞相翟方進繼母隨方進之長安織履以資方進
遊學晉太尉陶侃早孤貧為縣吏番陽孝廉范逵嘗
過侃時倉卒無以待賓其母乃截髮得雙髲以易酒
肴逵薦侃於廬江太守召為督郵由此得仕進
後魏鉅鹿魏緝母房氏緝生未十旬父溥卒母鞠養
不嫁訓導有母儀法度緝所交遊有名勝者則身具
酒饌有不及已者輒屏卧不餐須其悔謝乃食

唐侍御史趙武孟少好田獵嘗獲肥鮮以遺母母泣曰汝不讀書而田獵如是吾無望矣竟不食其膳武孟感激勤學遂博通經史舉進士至美官

天平節度使柳仲郢母韓氏常粉苦參黃連和以熊膽以授諸子每夜讀書使噙之以止睡

太子少保李景讓母鄭氏性嚴明早寡家貧親教諸子久雨宅後古墻頹陷得錢滿缸奴婢喜走告鄭鄭焚香祝之曰天蓋以先君餘慶愍妾母子孤貧賜以此錢然妾所願者諸子學業有成他日受俸此錢非所欲也亟命掩之此唯患其子名不立也

齊相田稷子受下吏金百鎰以遺其母母曰夫為人臣不忠是為人子不孝也不義之財非吾有也不孝之子非吾子也子起矣稷子遂慚而出反其金而自歸於宣王請就誅宣王悅其母之義遂赦稷子之罪復其位而以公金賜母

漢京兆尹雋不疑每行縣錄囚徒還其母輒問不疑有所平反活幾何人也不疑多有所平反母喜笑為飲食言語異於它時或無所出母怒為不食故不疑為吏嚴而不殘吳司空孟仁嘗為監魚池官自結網捕魚作鮓寄母母還之曰汝為魚官以鮓寄母非避

嫌也
晉陶侃為縣吏嘗監魚池以一䱹鮓遺母母封鮓責
曰爾以官物遺我不能益我乃增吾憂耳
隋大理寺卿鄭善果母翟氏夫鄭誠討尉遲迥戰死
母年二十而寡父欲奪其志母抱善果曰鄭君雖死幸
有此兒棄兒為不慈背死夫為無禮遂不嫁善果以
父死王事年數歲拜持節大將軍襲爵開封縣公年
四十授沂州刺史尋為魯郡太守母性賢明有節操
博涉書史通曉政事每善果出聽事母輒坐胡床於
鄣後察之聞其剖斷合理歸則大悅即賜之坐相對

談笑若行事不允或安嗔怒母乃還堂蒙袂而泣終日不食善果伏於床前不敢起母方起謂之曰吾非怒汝乃慙汝家耳吾為汝家婦獲奉酒掃知汝先君忠勤之士也守官清恪未嘗問私以身徇國繼之以死吾亦望汝副其此心汝既年小而孤吾寡耳有慈無威使汝不知禮訓何可負荷忠臣之業乎汝自童稚襲茅土汝今位至方岳豈汝身致之邪不思此事而安加嗔怒心緣驕樂墮於公政內則隳爾家風或失亡官爵外則虧天子之法以取辜戾吾死日何面目見汝先人於地下乎母恒自紡績每至夜分而寢

善累三兒封侯開國位居三品秩俸幸足毋何自勤如此答曰吁汝年已長吾謂汝知天下理今聞此言故猶未也至於公事何由濟乎今此秩俸乃天子報汝先人之徇命也當散贍六姻為先君之惠柰何獨擅其利以為富貴乎又絲枲紡績婦人之務上自王后下及大夫士妻各有所製若墮業者是為驕逸吾雖不知禮其可自敗名乎自初寡便不御脂粉常服大練性又節儉非祭祀賓客之事酒肉不妄陳其前靜室端居未嘗輒出門閤內外姻戚有吉凶事但厚加贈遺皆不詣其門非自手作及庄園祿賜所得雖

親族禮遺悉不許入門善果歷任州郡內自出饌於
衙中食之公廨所供皆不許受悉用修理公宇及分
僚佐善果亦由此克己號為清吏考為天下最
唐中書令崔玄暐初為庫部員外郎母盧氏嘗戒之
曰吾嘗聞姨兄辛玄馭云兒子從宦於外有人來言
其貧窶不能自存此吉語也言其富足車馬輕肥此
惡語也吾嘗重其言比見中表仕宦者多以金帛獻
遺其父母父母但知其忻悦不問金帛所從來若以
非道得之此乃為盜而未發者耳安得不憂而更喜
乎汝今坐食俸祿苟不能忠清雖日殺三牲吾猶食

之不下咽也玄暐由是以廉謹著名李景讓宦已達髮班白小有過其母猶撻之景讓事之終日常兢兢及為浙西觀察使有左右都押牙迕景讓意景讓杖之而斃軍中憤怒將為變母聞之景讓方視事母出坐廳事立景讓於庭下而責之曰天子付汝以方面國家刑法豈得以為汝喜怒之資妄殺無罪之人乎萬一致一方不寧豈惟上負朝廷使垂年之母銜羞入地何以見汝先人乎命左右褫其衣坐之將撻其背將佐皆至為之請不許將佐拜且泣久乃釋之軍中由是遂安此惟恐其子之入於不善也

漢汝南功曹范滂坐黨人被收其母就與之訣曰汝今得與李杜齊名死亦何恨既有令名復求壽考可兼得乎滂跪受教再拜而辭

魏高貴鄉公將討司馬文王以告侍中王沈尚書王經散騎常侍王業沈業出走告文王經獨不往高貴鄉公既薨經被收辭母母顏色不變笑而應曰人誰不死但恐不得死所以此并命何恨之有

唐相李義甫專横侍御史王義方欲奏彈之先白其母曰義方為御史視奸臣不糾則不忠糾之則身危而憂及於親為不孝二者不能自決柰何母曰昔王

陵之母殺身以成子之名汝能盡忠以事君吾死不恨此非不愛其子惟恐其子為善之不終也然則為人母者非徒鞠育其身使不罹水火又當養其德使不入於邪惡乃可謂之慈矣

漢明德馬皇后無子賈貴人生肅宗顯宗命后母養之謂曰人未必當自生子但患愛養不至耳后於是盡心撫育勞悴過於所生肅宗亦孝性淳篤恩性天至母子慈愛始終無纖介之間古今稱之以為美談

隋番州刺史陸讓母馮氏性仁愛有母儀讓即其孽子也坐贓當死將就刑馮氏蓬頭垢面詣朝堂數讓

罪於是流涕嗚咽親持盃粥勸讓食既而上表求哀詞情甚切上愍然為之改容於是集京城士庶於朱雀門遣舍人宣詔曰馮氏以嫡母之德足為世範慈愛之道義感人神特宜矜免用獎風俗讓可減死除名復下詔褒美之賜物五百段集命婦與馮相識以旌寵異

齊宣王時有人鬭死於道吏訊之有兄弟二人立其傍吏問之兄曰我殺之弟曰非兄也乃我殺之期年吏不能決言之於相相不能決言之於王王曰今皆舍之是縱有罪也皆殺之是誅無辜也寡人度其母

能知善惡試問其母聽其所欲殺活相受命召其母問曰母之子殺人兄弟欲相代死吏不能决言之於王王有仁惠故問母何所欲殺活其母泣而對曰殺其少者相受其言因而問之曰夫少子者人之所愛今欲殺之何也其母曰少者妾之子也長者前妻之子也其父疾且死之時屬於妾曰善養視之妾曰諾今既受人之託許人以諾豈可忘人之託而不信其諾也且殺兄活弟是以私愛廢公義也背言忘信是欺死者也失言忘約已諾不信何以居於世哉予雖痛子獨謂行何泣下沾襟相入言之於王王美其義

高其行皆赦不殺其子而尊其母號曰義母

魏芒慈母者孟陽氏之女芒卯之後妻也有三子前妻之子有五人皆不愛慈母遇之甚異猶不愛慈母乃令其三子不得與前妻之子齊衣服飲食進退起居甚相遠前妻之子猶不愛於是前妻中子犯魏王令當死慈母憂戚悲哀帶圍減尺朝夕勤勞以救其罪人有謂慈母曰子不愛母至甚矣何為憂懼勤勞如此慈母曰如妾親子雖不愛妾妾猶救其禍而除其害獨假子而不為何以異於凡人且其父為其孤也使妾而繼母繼母如母為人母而不能愛其子可

謂慈乎親其親而偏其假可謂義乎不慈且無義何以立於世彼雖不愛妾妾可以忘義乎遂訟之魏安釐王聞之高其義曰慈母如此可不救其子乎乃赦其子而復其家自此之後五子親慈母雍雍若一慈母以禮義漸之率導八子咸為魏大夫卿士

漢安衆令漢中程文矩妻李穆姜有二男而前妻四子以母非所生憎毀日積而穆姜慈愛溫仁撫字益隆衣食資供皆兼倍所生或謂母曰四子不孝甚矣何不別居以遠之對曰吾方以義相導使其自遷善也及前妻長子興疾困篤母惻隱親自為調藥膳恩

情篤密與疾久乃瘳於是呼三弟謂曰繼母慈仁出自天愛吾兄弟不識恩養禽獸其心雖母道益隆我曹過惡亦已深矣遂將三弟詣南鄭獄陳母之德狀已之過乞就刑辟縣言之於郡郡守表異其母蠲除家徭遣散四子許以修革自後訓導愈明並為良士今之人為人嫡母而疾其孽子為人繼母而疾其前妻之子者聞此四母之風亦可以少愧矣

魯師春姜嫁其女三往而三逐春姜問其故以輕侮其室人也春姜召其女而笞之曰夫婦人以順從為務貞慤為首今爾驕溢不遜以見逐曾不悔前過吾

告汝數矣而不吾用爾非吾子也笞之百而歸之三年乃復嫁之女奉守節義終知為人婦之道今之為母者女未嫁不能誨也既嫁為之援使挾己以陵其婿家及見棄逐則與婿家鬬訟終不自責其女之不令也如師春姜者豈非賢母乎

宋司馬溫國文正公家範卷之三終

宋司馬溫國文正公家範卷之四

明侍御鉅鹿後學陳世寶个錫校正

子上

孝経曰夫孝天之経也地之義也民之行也天地之経而民是則之又曰不愛其親而愛他人者謂之悖德不敬其親而敬他人者謂之悖禮以順則逆民無則焉不在於善而皆在於凶德雖得之君子不貴也又曰五刑之屬三千而罪莫大於不孝孟子曰不孝有五惰其四肢不顧父母之養一不孝也博奕好飲酒不顧父母之養二不孝也好貨財私妻子不顧父

母之養三不孝也從耳目之欲以為父母戮四不孝也好勇闘狠以危父母五不孝也夫為人子而事親或戲雖有他善累百不能掩也可不慎乎

經曰君子之事親也居則致其敬

恭巳之身不近危辱

養則致其樂

樂親之志

病則致其憂喪則致其哀祭則致其嚴

嚴有恭也

孔子曰今之孝者是謂能養至於犬馬皆能有養不

歟何以別乎禮子事父母雞初鳴咸盥漱櫛縰笄總
適父母之所父母之衣衾簟席枕几不傳杖屨祗敬
之勿敢近
傳移也
敦牟卮匜非餕莫敢用
卮匜酒漿器敦牟黍稷器
在父母之所有命之應唯敬對進退周旋慎齊
齊莊也
升降出入揖遜不敢噦噫嚏咳欠伸跛倚睇視不敢
唾洟

睇傾視也

寒不敢襲癢不敢搔

襲謂重衣

不有敬事不敢袒裼

父黨無容

不涉不撅

撅揭衣也

夫為人子者出必告反必面

告面同耳反言面者從外来宜知親之顔色安否

所遊必有常所習必有業

緣親之意欲知之
恒言不稱老
廣敬
又為人子者居不主奧坐不中席行不中道立不中
門
謂與父同宫者也不敢當其尊處室中西南隅謂之奧道有左右中門謂棖闑之中央内則曰命士以上父子皆異宫
食饗不為槩
槩量也不制待賓客饌具之所有

祭祀不為尸

尊者之處為其失子道然則尸卜筮無父者

聽於無聲視於無形

恒若親之將有教使然

不登高不臨深不苟訾不苟笑

為近其危辱也人之性不欲見毀訾不欲見笑君子樂然後笑

孝子不服闇不登危

服事也不闇冥之中從事為有非常且嫌失禮也懼辱親也

宋武帝即大位春秋已高每旦朝繼母蕭太后未嘗失時刻彼為帝王尚如是況士民乎

梁臨川靜惠王宏兄懿為齊中書令為東昏侯所殺諸弟皆被收僧慧思藏宏得免宏避難潛伏與太妃異處每遣使參問起居或請逃難須密不宜往來宏銜淚答曰乃可無我此事不容暫廢彼在危難尚如是況平時乎

為子者不敢自高貴故在禮三賜不及車馬

三賜三命也凡仕者一命而受爵再命而受衣服三命而受車馬而身所以尊者備矣卿大夫士之

子不受不敢以成尊比踰於父天子諸侯之子不
受自卑遠於君
不敢以富貴加於父兄
國初平章事王溥父祚有賓客溥常朝服侍立客坐
不安席祚曰豚犬不足為之起此可謂居則致其敬
矣
禮子事父母雞初鳴而起左右佩服以適父母之所
及所下氣怡聲問衣燠寒疾痛疴癢而敬抑搔之
怡悅也疴疥抑按搔摩也
出入則或先或後而敬扶持之

先後之隨時便也

進盥少者奉槃長者奉水請沃盥卒授巾

槃承盥水者巾以帨手

問所欲而敬進之柔色以温之

温籍也

父母之命勿逆勿怠

恃其孝敬之愛則或違懈

若飲之食之雖不嗜必嘗而待

請後命而去也

加之衣服雖不欲必服而待

待後命釋藏也

又子婦無私貨無私畜無私器不致私假不敢私與

家事統于尊也

又爲人子之禮冬温而夏凊昏定而晨省

安定其床衽也省問其安否何如

在醜夷不爭

醜衆也夷友儕也

孟子曰曾子養曾晳必有酒肉將徹必請所與問有餘必曰有曾晳死曾元養曾子必有酒肉將徹不請所與問有餘曰亡矣將以復進也此所謂養口體者

也若曾子則可謂養志也事親若曾子者可也
老萊子孝奉二親行年七十作嬰兒戲身服五彩斑
斕之衣嘗取水上堂詐跌仆臥地為小兒啼弄雛于
親側欲親之喜
漢諫議大夫江革少失父獨與母居遭天下亂盜賊
並起革負母逃難備經險阻常採拾以為養遂得俱
全於難革轉客下邳貧窮裸跣行傭以供母便身之
物莫不畢給建武末年與母歸鄉里每至歲時縣當
案比
　案驗以比之猶今皃閱也

革以母老不欲搖動自在輦中輓車不用牛馬由是鄉里稱之曰江巨孝

晉西河人王延事親色養夏則扇枕席冬則以身溫被隆冬盛寒體無全衣而親極滋味

宋會稽何子平為楊州從事吏月俸得白米輙貨市粟麥人曰所利無幾何足為煩子平曰尊老在東不辦得米何心獨饗白粲每有贈鮮肴者若不可寄至家則不肯受後為海虞令縣祿唯供養母一身不以及妻子人疑其儉薄子平曰希祿本在養親不在為己問者慙而退

同郡郭原平養親必以己力傭賃以給供養性甚巧每為人傭作止取散夫價主人設食原平自以家貧父母不辦有肴味唯飡鹽飯而已若家或無食則虛中竟日義不獨飽須日暮作畢受直歸家於里糴買然後舉爨

唐曹成王皐為衡州刺史遭誣在治念大妃若將驚而感出則囚服就辟入則擁笏垂魚坦坦施施貶潮州刺史以遷入賀既而事得直復還衡州然後跪謝告實此可謂養則致其樂矣

禮父母有疾冠者不櫛行不翔

憂不為容也

言不惰

憂不在私好惰不正之言

琴瑟不御

憂不在樂

食肉不至變味飲酒不至變貌

憂不在味

笑不至矧怒不至詈

憂在心難變也齒本曰矧大笑則見

疾止復故

文王之為世子朝於王季日三

三皆日朝以其禮同

雞初鳴而衣服至於寢門外問內豎之御者曰今日

安否何如

內豎小臣之屬掌內外之通命者御如小史直日

矣

內豎曰安文王乃喜

孝子恒覲覲

及日中又至亦如之

又復也

及莫又至亦如之

莫夕也

其有不安節則内豎以告文王文王色憂行不能正履

節謂居處故事履蹈地也

王季復膳

飲食安也

然後亦復初

憂解

武王帥而行之不敢有加焉

庶幾程式之師循也

文王有疾武王不脫冠帶而養

言常在側

文王一飯亦一飯文王再飯亦再飯

欲知氣力箴藥所勝

旬有二日乃間

間猶瘳也

漢文帝為代王時薄太后常病三年文帝目不交睫

解衣湯藥非口所嘗弗進

晉范喬父粲仕魏為太宰中郎齊王芳被廢粲遂稱

疾闔門不出陽狂不言寢所乘車足不履地子孫常侍左右候其顏色以知其旨如此三十六年終於所寢之車喬與二弟並棄學業絕人事侍疾家庭至粲沒足不出里邑

南齊庾黔婁為陵川令到縣未旬父易在家遘疾黔婁忽心驚舉身流汗即日棄官歸家家人悉驚其忽至時易病始二日醫云欲知差劇但嘗糞甜苦易泄利黔婁輒取嘗之味轉甜滑心愈憂苦至夕每稽顙北辰求以身代俄聞空中有聲曰徵君壽命盡不可延汝誠禱既至改得至月末晦而易亡

後魏孝文帝幼有至性年四歲時獻文患癰帝親自吮膿

北齊孝昭帝性至孝太后不豫出居南宮帝行不正履容色憔悴衣不解帶殆將四旬殿去南宮五百餘步雞鳴而出辰時方還來去徒行不乘輿輦太后病苦小增便即寢伏閤外食飲藥物盡皆躬親太后每常心痛不自堪忍帝立侍帷前以爪掐手心血流出袖此可謂病則致其憂矣

經曰孝子之喪親也哭不哀

氣竭而息聲不委曲

禮無容
觸地無容
言不文
不為文飾
服美不安
不安美飾故服衰麻
聞樂不樂
悲哀在心故不樂也
食旨不甘
旨美也不甘美味故蔬食水飲

此哀戚之情也三日而食教民無以死傷生毀不滅
性此聖人之政也
不食三日哀毀過情滅性而死虧孝道故聖人制
禮施教不令至於殞滅
喪不過三年示民有終也
三年之喪天下達禮使不肖企及賢者俯從夫孝
子有終身之憂聖人以三年為制者使人有終竟
之限也
為之棺槨衣衾而舉之
周尸為棺周棺為槨衣為斂衣衾被也舉為舉尸

內於棺也

陳其簠簋而哀慼之

簠簋祭器也陳奠素器而不見親故哀慼之

擗踊哭泣哀以送之

男踊女擗祖載送之

卜其宅兆而安厝之

宅墓穴也兆塋域也葬事大故卜之

為之宗廟以鬼享之

立廟祔祖之後則以鬼禮享之

春秋祭祀以時思之

寒暑變移益用增感以時祭祀展其孝思也

生事敬愛死事哀感生民之本盡矣死生之義備矣孝子之事親終矣君子之於親喪固所以自盡也不可不勉喪禮備在方册不可悉載

孔子曰少連大連善居喪三日不怠三月不解朞悲哀三年憂東夷之子也

高子皐執親之喪也

子皐孔子弟子名柴

泣血三年

言泣無聲如血出

未嘗見齒

言笑之微

入室僾然必有見乎其位周還出戶肅然必有聞乎
其容聲出戶而聽愾然必有聞乎其嘆息之聲

周還出戶謂薦設時也無尸者闔戶若食間則有出戶而聽之

是故先王之孝也色不忘乎目聲不絕乎耳心志嗜
欲不忘乎心致愛則存致慤則著著存不忘乎心夫
安得不敬乎

存著則謂其思念也

齊齊乎其敬也愉愉乎其忠也勿勿諸其欲其饗之
也
勿勿猶勉勉也
詩曰神之格思不可度思矧可斁思
格至也矧況也斁厭也言孝子之享親盡其敬愛
之心而已矣安知神之所處於彼乎於此乎況敢
有厭怠之心乎
此其大畧也
孟蜀太子賓客李鄠年七十餘享祖考猶親滌器人
或代之不從以為無以達追慕之意此可謂祭則致

其嚴矣

經曰身體髮膚受之父母不敢毀傷孝之始也

曾子有疾召門弟子曰啟予足啟予手

鄭曰啟開也曾子以爲身體受於父母不敢毀傷

故使弟子開衾而視之

詩云戰戰兢兢如臨深淵如履薄氷

孔曰言此詩者喻己常慎恐有毀傷

而今而後吾知免夫小子

樂正子春下堂而傷足數月不出猶有憂色門弟子

曰夫子之足瘳矣數月不出猶有憂色何也樂正子

春曰善如爾之問也善如爾之問也吾聞諸曾子曾子聞諸夫子曰天之所生地之所養惟人爲大父母全而生之子全而歸之可爲孝矣不虧其體不辱其身可謂全矣

曾子聞諸夫子述曾子所聞於孔子之言

故君子頃步而弗敢忘孝也今予忘孝之道予是以有憂色也一舉足而不敢忘父母一言出而不敢忘父母一舉足而不敢忘父母是故道而不徑舟而不游不敢以先父母之遺體行殆一出言而不敢忘父母是故惡言不出於口忿言不反於身不辱其身不

羞其親可謂孝矣

徑步邪趨疾也

或曰親有危難則如之何亦憂身而不救乎曰非謂其然也孝子奉父母之遺體平居一毫不敢傷也及其狥仁蹈義雖赴湯火無所辭況救親於危難乎古以死徇其親者多矣

晉末烏程人潘綜遭孫恩亂攻破村邑綜與父驃共走避賊驃年老行遲賊轉逼驃語綜我不能去汝走可脫幸勿俱死驃困乏坐地綜迎賊叩頭曰父年老乞賜生命賊至驃亦請賊曰兒少自能走今為老子

不去老子不惜死可活此兒賊因斫驃綜乃抱父於腹下賊斫綜頭面凡四創綜當時悶絶有一賊從傍來會曰卿舉大事此兒以死救父云何可殺殺孝子不詳賊乃止父子並得免

齊射聲校尉庾道愍所生母漂流交州道愍尚在繈褓及長知之求為廣州綏寧府佐至府而去交州尚遠乃自負擔冒嶮自達及至州尋求母經年不獲日夜悲泣嘗入村日暮雨驟乃寄止一家有嫗負薪自外還道愍心動因訪之乃其母也於是俯伏號泣遠近赴之莫不揮淚

梁湘州主簿吉翂孚云切父天監初為平鄉令為吏所誣逮詣廷尉翂年十五號泣衢路祈請公卿行人見者皆為隕涕其父理雖清白而恥為吏訊乃虛自引咎罪當大辟翂乃撾登聞鼓乞代父命武帝嘉異之尚以其童稚疑受教於人勅廷尉蔡法度嚴加脅誘取其疑實法度乃還寺盛陳徽纆厲色問曰爾求代父死勅已相許便應伏法然刀鋸至劇審能死不且爾童孺志不及此必人所教姓名是誰若有悔異亦相聽許對曰囚雖蒙弱豈不知死可畏憚顧諸弟幼藐唯囚為長不忍見父極刑自延視息所以內斷胷

臆上千萬乘今欲徇身不測委骨泉壤此非細故李
何受人教也法度知不可屈撓乃更和顏誘語之曰
主上知尊侯無罪行當釋亮觀君神儀明秀足稱佳
童今若轉辭幸父子同濟奚以此妙年苦求湯鑊翂
曰凡鯤鮞螻蟻尚惜其生況在人斯豈願虀粉但父
挂深劾必正刑書故思殞仆冀延父命翂初見囚獄
掾依法備加桎梏法度矜之命脫其二械更令着一
小者翂弗聽曰翂求代父死死囚豈可減乎竟不脫
械法度以聞帝乃宥其父子丹陽尹王志求其在廷
尉故事并諸鄉居欲於歲首舉充純孝翂曰異哉王

尹何曇瀏之薄也夫父辱子死斯道固然若瀏有靦
面目當其此舉則是因父買名一何甚辱拒之而止
此其章章尤著者也

宋司馬温國文正公家範卷之四終

宋司馬溫國文正公家範卷之五

明侍御鉅鹿後學陳世寶介錫校正

子下

書稱舜烝烝乂不格姦何謂也曰言能以至孝和頑嚚昏傲使進進以善自治不至於大惡也

曾子耘瓜誤斬其根曾晳怒建大杖以擊其背曾子仆地而不知人久之乃蘇欣然而起進於曾晳曰嚮也參得罪於大人用力教參得無疾乎退而就房援琴而歌欲令曾晳聞之知其體康也孔子聞之而怒告門弟子曰參來勿內曾參自以為無罪使人請於孔

子孔子曰汝不聞乎昔舜之事瞽瞍欲使之未嘗不在於側索而殺之未嘗可得小捶則待過大杖則逃走故瞽瞍不犯不父之罪而舜不失烝烝之孝今參事父委身以待暴怒殪而不避身既死而陷父於不義其不孝孰大焉汝非天子之民乎天子之民其罪奚若曾參聞之曰參罪大矣遂造孔子而謝過此之謂也（此疑有缺文姑闕之俟博學君子）

或曰孔子稱色難色難者觀父母之志趣不待發言而後順之者也然則經何以貴於諫爭乎曰諫者為救過也親之命可從而不從是悖戾也不可從而從

之則陷親於大惡然而不諫是路人故當不義則不可不爭也或曰然則爭之能無拂親之意乎曰所謂爭者順而止之志在於必從也孔子曰事父母幾諫

包曰幾微也當微諫納善言于父母

見志不從又敬不違勞而不怨

包曰見父母父母志有不從已諫之色則又當恭敬不違父母意而遂已之諫

禮父母有過下氣怡色柔聲以諫諫若不入起敬起孝說則復諫

起猶更也

不說則與其得罪於鄉黨州閭寧孰諫子從父之命不可謂孝也

父母怒不悅而撻之流血不敢疾怨起敬起孝又曰事親有隱而無犯又曰父母有過諫而不逆又曰三諫而不聽則號泣而隨之言窮無所之也或曰諫則彰親之過柰何曰諫諸內隱諸外者也諫諸內則親過不遠隱諸外故人莫得而聞也且孝子善則稱親過則歸己凱風曰母氏聖善我無令人其心如是夫又何過之彰乎

或曰子孝矣而父母不愛如之何曰責己而已昔舜

父頑母嚚象傲日以殺舜為事舜往于田日號泣于旻天于父母

仁覆愍下謂之旻天言舜初耕於歷山之時為父母所疾日號泣于旻天及父母克己自責不責于人

負罪引慝祗載見瞽瞍夔夔齋慄瞽瞍亦允若誠之至也如瞽瞍者猶信而順之況不至是者乎

慝惡載事也夔夔齋慄敬懼之貌言舜負罪引惡敬以事見于父慄懼齋莊父亦信順之言能以至誠感頑父

曾子曰父母愛之喜而不忘父母惡之懼而弗怨

漢侍中薛包好學篤行喪母以至孝聞及父娶後妻而憎包分出之包日夜號泣不能去至被毆杖不得已於廬舍外旦入而洒掃父怒又逐之乃廬于里門昏晨不廢積歲餘父母慚而還之

晉太保王祥至孝早喪親繼母朱氏不慈數譖之由是失愛於父每使掃除牛下祥愈恭謹父母有疾衣不解帶湯藥必親嘗有丹柰結實母命守之每風雨祥輒抱樹而泣其篤孝純至如此母終居喪悴毀杖而後起

西河人王延九歲喪母泣血三年幾至滅性每至忌月則悲泣三年繼母卜氏遇之無道恒以蒲穰及敗麻頭與延貯衣其姑聞而問之延知而不言事母彌謹卜氏嘗盛冬思生魚敕延求而不獲杖之流血延尋汾凌而哭忽有一魚長五尺踊出氷上延取以進母卜氏心悟撫延如己生

齊始安王諮議劉渢父紹仕宋位中書郎渢母早亡紹被敕納路大后兄女為繼室渢年數歲路氏不以為子奴婢輩捶打之無期度渢每亡日輒悲啼不食彌為婢輩所苦路氏生溓渢憐愛之不忍捨常在床

帳側輒被驅撻終不肯去路氏病經年㵸晝夜不離左右每有增加輒流涕不食路氏病瘥感其意慈愛遂隆路氏富盛一旦為㵸立齋宇筵席不減侯王

唐宣歙觀察使崔衍父倫為左丞繼母李氏不慈于衍衍時為富平尉倫使于吐蕃久方歸李氏衣敝衣以見倫倫問其故李氏稱倫使于蕃中衍不給衣食倫大怒召衍責詬命僕隷拉於地袒其背將打之衍泣涕終不自陳倫弟殷聞之趨往以身蔽衍杖不得下因大言曰衍每月俸錢皆送嫂處殷所具知何忍乃言衍不給衣食倫怒乃解由是倫遂不聽李氏之

諧及倫卒衍事李氏益謹李氏所生次子郃每多取
母錢使其主以書契徵負于衍衍歲為償之故衍官
至江州刺史而妻子衣食無所餘子誠孝而父母不
愛則孝益彰矣何患乎
或曰妻子失親之意則如之何曰禮子甚宜其妻父
母不說出
　宜猶善也
子不宜其妻父母曰是善事我子行夫婦之禮焉沒
身不衰
漢司隸校尉鮑永事後母至孝妻常于母前叱狗永

去之

齊征北司徒記室劉瓛音桓母孔氏甚嚴明瓛年四十餘未有婚對建元中高帝與司徒褚彥回為瓛娶王氏女王氏穿壁挂履土落孔氏床上孔氏不悅瓛即出其妻

唐鳳閣舍人李迥秀母氏庶賤其妻崔氏嘗叱媵婢母聞之不悅迥秀即時出妻或止之曰賢室雖不避嫌疑然過非出狀何遽如此迥秀曰娶妻本以養親今違忤顏色何敢留也竟不從

後漢郭巨家貧養老母妻生一子三歲母常減食與

之臣謂妻曰貧乏不能供給共次埋子子可再有母不可再得妻不敢違臣遂掘坑二尺餘忽黄金一釜

或曰郭巨非中道曰然以此教民民猶厚於慈而薄于孝

或曰五母在禮律皆同服凡人事嫡繼慈養之情烏能泥于所生或若疑于偽與曰是何言之悖也在禮為人後者斬衰三年傳曰何以三年也受重者必以尊服服之何如而可為之後同宗則可為之後如何而可以為人後支子可也為所後者之祖父母妻妻之父母昆弟昆弟之子若子

若子者謂所爲後之子如親子

繼母如母傳曰繼母何以如母繼母之配父與因母同故孝子不敢殊也

因猶親也

慈母如母傳曰慈母者何也妾之無子者妾子之無母者父命妾曰以爲子命子曰女以爲母若是則生養之終其身如母死則喪之三年如母貴父之命也

況嫡母子之君也其尊至矣

梁中軍田曹行參軍庾沙弥嫡母劉氏寢疾沙弥晨昏侍側衣不解帶或應針灸輒以身先試及母亡水

漿不入口累月初進大麥薄飲經十旬方爲饘粥終
喪不食鹽酢冬日不衣綿纊夏日不解衰絰不出廬
戶晝夜號慟隣人不忍聞所坐薦淚霑爲爛墓在新
林忽有旅松百許株枝葉鬱茂有異常松劉好啖甘
蔗沙彌遂不復食之
漢丞相翟方進既富貴後母猶在進供養甚篤
太尉胡廣年八十繼母在堂朝夕瞻省傍無几杖言
不稱老
漢顯宗命馬皇后母養肅宗肅宗孝性純篤母子慈
愛始終無纖介之間帝既專以馬氏爲外家故所生

賈貴人不登極位賈氏親宗無受寵榮者及太后崩乃策書加貴人王赤綬而已

古人有丁蘭者母早亡不及養乃刻木而事之彼賢者孝愛之心發于天性失其親而無所施至于刻木猶可事也況嫡繼慈養之存乎聖人順賢者之心而為之禮豈有聖人而教人為偽者乎

葬者人子之大事死者以窆爲安宅兆而未葬猶行而未有歸也是以孝子雖愛親留之不敢久也古者天子七月諸侯五月大夫三月士踰月誠有禮物有厚薄奔赴有遠近不如是不能集也

國家諸令王公以下皆三月而葬蓋以非同位外無會葬者適時之宜更為中制也禮孝葬不變服啜粥居倚廬寢苫枕塊既虞而後有變蓋孝子之心以為親未獲所安已不敢即安也

漢蜀郡太守范廡王莽大司徒丹之孫也父遭喪亂客死于蜀漢范遂流寓西州西州平歸鄉里年五十辭母西迎父喪蜀郡太守張穆丹之故吏重資送范范無所受與客步負喪歸葭萌載船觸石破沒范抱持棺柩遂俱沉溺衆傷其義鉤求得之療救僅免于死卒得歸葬

宋會稽賈恩母亡未葬爲鄰火所逼恩及妻栢氏號哭奔救鄰近赴助棺櫬得免恩及栢氏俱燒死有司奏改其里爲孝義里蠲租布三世追贈恩顯親左尉

會稽郭原平父亡爲塋壙凶功不欲假人巳雖巧而不解作墓乃訪邑中有塋墓者助之運力經時展勤久乃閑練又自賣丁夫以供衆費窀窆之事儉而當禮性無學術因心自然葬畢詣所買主執役無懈與諸奴分務讓逸取勞主人不忍使每遣之原平伏勤未嘗暫替傭賃養母有餘聚以自贖

海虞令何子平母喪去官哀毀踰禮每至哭踊頓絕

方蘇屬大周末東土飢荒繼以師旅八年不得塋葬晝夜號哭常如袒括之日冬不衣絮暑不就清涼一日以數合米為粥不進鹽菜所居屋敗不蔽風日兄子伯與欲為葺理子平不肯曰我情未申天地一罪人耳屋何宜覆蔡興宗為會稽太守甚加矜賞為營葬冢壙

新野庾震喪父母居貧無以葬賃書以營事至手掌穿然後成葬事賢者于葬何如其汲汲也今世俗信術者妄言以為葬不擇地及歲月日時則子孫不利禍殃揔至乃至終喪除服或十年或二十年或終身

或累世猶不葬至為水火所漂焚他人所投棄失亡尸柩不知所之者豈不哀哉人所貴有子孫者為死而形体有所付也而既不葬則與無子孫而死道路者奚以異乎詩云行有死人尚或墐之況為人子孫乃忍棄其親而不葬哉

唐大常博士呂才叙葬書曰孝經云卜其宅兆而安厝之蓋以窀穸既終永安体魄而朝市遷變泉石交侵不可前知故謀之龜筮近代或選年月或相墓田以為一事失所禍及死生按禮天子諸侯大夫葬皆有月數則是古人不擇年月也春秋九月丁巳葬定

公雨不克葬戊午日中乃克葬是不擇日也鄭簡公司墓之室當路毀之則朝而窆不毀則日終而窆子產不毀是不擇時也古之葬者皆于國都之北域有常處是不擇地也今葬者以為子孫富貴貧賤夭壽皆因卜所致夫子文為令尹而三已柳下惠為士師而三黜討其丘壠未常改移而野俗無識妖巫妄言遂於擗踊之際擇葬地而希官爵荼毒之秋選葬時而規財利斯言至矣夫死生有命富貴在天固非葬所能移就使能移孝子何忍委其親不葬而求利于己哉世又有用羌胡法自焚其柩收燼骨而葬之者

人習為常恬莫之怪嗚呼詭俗誖戾乃至此乎或曰旅宦遠方貧不能致其柩不焚之何以致其就葬曰如羸范華豈其家富也延陵季子有言骨肉復歸于土命也魂氣則無不之也舜為天子巡狩至蒼梧而殂葬于其野彼天子猶然況士民乎必也無力不能歸其柩即所亡之地而葬之不猶愈于毀焚乎或曰生事之以禮死葬之以禮祭之以禮具此數者可以為大孝乎曰未也天子以德教加于百姓刑于四海為孝諸侯以保社稷為孝卿大夫以守宗廟為孝士以保其祿位為孝皆謂能成先人之志不墜其業者

也

晉庾袞父戒袞以酒袞嘗醉自責曰予廢先人之戒其何以訓人乃于父墓前自杖三十可謂能不忘訓辭矣

詩云題彼鶺鴒載飛載鳴我日斯邁而月斯征夙興夜寐無忝爾所生

經曰立身行道揚名于後世以顯父母孝之終也又曰事親者居上不驕為下不亂在醜不爭居上而驕則亡為下而亂則刑在醜而爭則兵三者不除雖日用三牲之養猶為不孝也

内則曰父母雖沒將為善思貽父母令名必果將為
不善思貽父母羞辱必不果

貽遺也果决也

公明儀問于曾子曰夫子可以為孝乎曾子曰是何
言歟是何言歟君子之所謂孝者先意承志諭父母
于道參直養者也安能為孝乎

曾子曰身也者父母之遺体也行父母之遺体敢不
敬乎居處不莊非孝也事君不忠非孝也蒞官不敬
非孝也朋友不信非孝也戰陳無勇非孝也五者不
備非及其親敢不敬乎享熟羶薌嘗而薦之非孝也

君子之所謂孝也國人稱願然曰幸哉有子如此所謂孝也已爲人子能如是可謂之孝有終矣

宋司馬温國文正公家範卷之五終

宋司馬溫國文正公家範卷之六

明侍御鉅鹿後學陳世寶介錫校正

女

孫

伯叔父

姪

女

禮女子十年不出

恒居内也

姆教婉娩聽從

婉謂言語也娩謂容貌也
執麻枲治絲繭織紝組紃學女事以供衣服
紃條
觀于祭祀納酒漿籩豆葅醢禮相助奠
當及女時而知
十有五年而笄
謂應年許嫁者女子許嫁笄而字之其未許嫁二
十則笄
二十而嫁古者婦人先嫁三月祖廟未毁教于公宫
祖廟既毁教于宗室教以婦德婦言婦容婦功教成

祭之牲用魚芼之以蘋藻所以成婦順也
謂與天子諸侯同姓者也嫁女者必就尊者教成
之教之者女師也祖廟女所出之祖也公君也宗
室宗子之家也婦德貞順也婦言辭令也婦容婉
娩也婦功麻絲也祭之祭其所出之祖也魚蘋藻
皆水物陰類也魚為俎實蘋藻為羹菜祭無牲牢
告事耳非正祭也其祭盛用黍云君使有司告之
宗子之家若其祖廟已毀則為壇而告焉
曹大家女戒曰今之君子徒知訓其男檢其書傳殊
不知夫主之不可不事禮義之不可不存但教男而

不教女不亦蔽於彼此之教乎禮八歲始教之書十五而志於學矣獨不可依此以為教哉夫云婦德不必才明絶異也婦言不必辯口利辭也婦容不必顔色美麗也婦功不必功巧過人也清閑貞靜守節整齊行己有恥動靜有法是謂婦德擇辭而說不道惡語時然後言不厭於人是謂婦言盥浣塵穢服飾鮮潔沐浴以時身不垢辱是謂婦容專心紡績不好戲笑潔齊酒食以奉賓客是謂婦功此四者女之大德而不可乏者也然為之甚易唯在存心耳凡人不學則不知禮義不知禮義則善惡是非之所在皆莫之

識也於是乎有身為暴亂而不自知其非也禍辱將及而不知其危也然則為人皆不可以不學豈男女之有異哉是故女子在家不可以不讀孝經論語及詩禮畧通大義其女功則不過桑麻織績制衣裳為酒食而已至于刺繡華巧管絃歌詩皆非女子所宜習也古之賢女無不好學左圖右史以自儆戒

漢和熹鄧皇后六歲能史書

史書周宣王太史籀所作大篆十五篇也　前漢書曰教學童之書也

十二通詩論語諸兄每讀經傳輙下意難問

下意猶出意也

志在典籍不問居家之事母常非之曰汝不習女工以供衣服乃更務學寧當舉博士邪后重違母言晝修婦業暮誦經典家人號曰諸生其餘班婕妤曹大家之徒以學顯當時名垂後來者多矣

漢珠崖令女名初年十三珠崖多珠繼母連大珠以為係臂及令死當送喪法珠入於關者死繼母棄其係臂珠其男年九歲好而取之置母鏡奩中皆莫之知遂與家室奉喪歸至海關海關候吏搜索得珠十枚於鏡奩中吏曰嘻此值法無可奈何誰當坐者初

在左右心恐繼母去置奩中乃曰初坐之吏曰其狀如何初對曰君子不幸夫人解係臂去之初心惜之取置夫人鏡奩中夫人不知也吏將初劾之繼母意以爲實然憐之因謂吏曰願且待幸勿劾兒兒誠不知也兒珠妾之係臂也君不幸妾解去之心不忍棄且置鏡奩中迫奉喪忽然忘之妾當坐之初固曰實初取之繼母又曰兒但讓耳實妾取之因涕泣不能自禁女亦曰夫人哀初之孤強名之以活初身夫人實不知也又因哭泣泣下交頸送喪者盡哭哀痛傍人莫不爲酸鼻揮涕關吏執筆劾不能就一字關候

垂泣終日不忍决乃曰母子有義如此吾當坐之不忍加文母子相讓安知孰是遂棄珠而遣之既去乃知男獨取之

宋會稽寒人陳氏有女無男祖父母年八九十老無所知父篤癃疾母不安其室遇歲饑三女相率于西湖採菱蓴更日至市貨賣未嘗虧怠鄉里稱為義門多欲娶為婦長女自傷煢獨誓不肯行祖父母尋相繼卒三女自營殯葬為菴舍居墓側

又諸暨東滸里屠氏女父失明母痼病親戚相棄鄉里不容女移父母遠住紵舍晝採樵夜紡績以供養父

母俱卒親營殯葬負土成墳鄉里多欲娶之女以無兄弟誓守墳墓不嫁

唐孝女王和子者徐州人其父及兄爲防秋卒戍涇州元和中吐蕃寇邊父兄戰死無子母先亡和子年十七聞父兄没于邊披髮徒跣縗裳獨往涇州行丐取父兄之喪歸徐營葬植松栢剪髮壞形廬于墓所節度使王智興以狀奏之詔旌表門閭此數女者皆以單悍事其父母生則能養死則能葬亦女子之英秀也

唐奉天竇氏二女雖生長草野幼有志操永泰中群

盜數千人剽掠其村落二女皆有容色長者年十九幼者年十六匿巖穴間盜覓出之驅逼以前臨壑谷深數百尺其姊先曰吾寧就死義不受辱即投崖下而死盜方驚駭其妹從之自投折足敗面血流被體盜乃捨之而去京兆尹第五琦嘉其貞烈奏之詔旌表門閭永蠲其家丁役二女遇亂守節不渝視死如歸又難能也

漢文帝時有人上書齊太倉令淳于意有罪當刑詔獄逮繫長安意有五女隨而泣意怒罵曰生女不生男緩急無可使者於是少女緹縈傷父之言乃隨父

西上書曰妾父為吏齊中稱其廉平今坐法當刑妾切痛死者不可復生而刑者不可復續雖欲改過自新其道莫由終不可得妾願入身為官婢以贖父刑罪使得改行自新也書聞上悲其意此歲中亦除肉刑法緹縈一言而善天下蒙其澤後世賴其福所及遠矣

後魏孝女王舜者趙郡人也父子春與從兄長忻不協齊亡之際長忻與其妻同謀殺子春舜時年七歲又二妹粲年五歲璠年二歲並孤苦寄食親戚舜撫育二妹恩義甚篤而舜陰有復讎之心長忻殊不備

姊妹俱長親戚欲嫁輒拒不從乃密謂二妹曰我無兄弟致使父讎不復吾輩雖女子何用生為我欲共汝報復何如二妹皆垂泣曰唯姊所命夜中姊妹各持刀踰牆入手殺長忻夫婦以告父墓因詣縣請罪姊妹爭為謀首州縣不能決文帝聞而嘉歎原罪禮父母之讎不與共戴天姊以幼女蘊志發憤卒袖白刃以椹讎人之胷豈可以壯男子反不如哉

條

書曰辟不辟忝厥祖詩云無念爾祖聿修厥德然則為人而怠于德是忘其祖也豈不重哉

晉李密犍為人父早亡母何氏改醮密時年數歲感戀彌至烝烝之性遂以成疾祖母劉氏躬自撫養密奉事以孝謹聞劉氏有疾則泣側息未嘗解衣飲膳湯藥必先嘗後進仕蜀為郎蜀平泰始初詔徵為太子洗馬密以祖母年高無人奉養遂不應命上疏曰臣無祖母無以至今日祖母無臣無以終餘年母孫二人更相為命是以私情區區不敢棄遠臣密今年四十有四祖母劉氏今年九十有六是臣盡節于陛下之日長而報養劉氏之日短也烏鳥私情乞願終養武帝矜而許之

齊彭城郡丞劉瓛音桓有至性祖母病疽經年手持膏藥漬指爲爛

後魏張元芮城人世以純至爲鄉里所推元年六歲其祖以其夏中熱欲將元就井浴元固不肯謂其貪戲乃以杖擊其首曰汝何爲不肯浴元對曰衣以蓋形爲覆其褻元不能褻露其體於白日之下祖異而捨之年十六其祖喪明三年元恒憂泣晝夜讀佛經禮拜以祈福祐每言天人師乎元爲孫不孝使祖喪明今願祖目見明元求代闇夜夢見一老翁以金鎞療其祖目于夢中喜躍遂即驚覺乃徧告家人三日

祖目果明其後祖卧疾再周元恒隨祖所食多少衣
冠不解旦夕扶侍及祖沒號踊絶而後蘇隨其父水
漿不入口三日鄉里感嘆異之縣博士楊輾等二百
餘人上其狀有詔表其門閭此皆爲孫能養者也
唐僕射李公名訥有居第在長安修行里其密鄰即故
日南陽相也名收丞相早歲與之有舊及登庸權傾天
下相君選妓數輩以宰府不可外然棟宇無便事者
獨書閣東隣乃李公冗舍也意欲吞之垂涎少俟且
遲遲於發言忽一日謹致一函以爲必遂及復札大
失所望又踰月召李公之吏得言者欲以厚價購之

或曰水竹别野交質李公復不許又逾月乃援公之
子弟官冀其稍動初意竟亡迴命有王處士者知書
善基加之敏辯李公寅夕與之同處丞相密召以誠
告之託其諷誦王生忭奉其旨勇于展効然以李公
褊直伺良便者久之一日公遺疴生獨侍前公謂曰
筋衰骨虛風氣因得乘間而入所謂空穴来風枳枸
来巢也生對曰然向聆西院梟集樹杪某心憂之果
致微恙空院之来妖禽猶枳枸来果矣且知齋器換
緡未如鬻之以贍醫藥李公卞慧揣知其意怒髮上
植厲聲曰男子寒死餧死鵬窺而死亦其命也先人

之弊廬不忍為權貴優笑之地揮手而別自是王生
及門不復接矣
平廬節度使楊損初為殿中侍御史家新昌里與路
巖第接巖方為相欲易其廐以廣第損宗族仕者十
餘人議曰家世盛衰繫權者喜怒不可拒也損曰今
尺寸土皆先人舊物非吾等所有安可奉權臣耶窮
達命也卒不與巖不悅使損按獄黔中餘年還彼室
宅尚以家世舊物不忍棄失況諸侯之于社稷大夫
之于宗廟乎為人孫者可不念哉

伯叔父

禮服兄弟之子猶子也蓋聖人緣情制禮非引而進之也漢第五倫性至公或問倫曰公有私乎對曰吾兄子嘗病一夜十往退而安寢吾子有病雖不省視而竟夕不眠若是者豈可謂無私乎伯魚賢者豈肯厚其兄子不如其子哉直以數往視之故心安終夕不視故心不安耳而伯魚更以此語人益所以見其公也

宗正劉平更始時天下亂平弟仲為賊所殺其後賊復忽然而至平扶侍其母奔走逃難仲遺腹女始一歲平抱仲女而棄其子母欲還取平不聽曰力不能

兩活仲不可以絕類遂去而不顧

侍中淳于恭兄崇卒恭養幼孤教誨學問有不如法輒反杖用自杖箠以感悟之兒慙而改過

侍中薛包弟子求分財異居包不能止乃中分其財奴婢引其老者曰與我共事久若不能使也田廬取其荒頓頓猶廢也者曰吾少時所理意所戀也器物取朽敗者曰我素所服食身口所安也弟子數破其產輒復賑給

晉右僕射鄧攸永嘉末石勒過泗水攸以牛馬負妻子而逃又遇賊掠其牛馬步走擔其兒及其弟子綏

度不能兩全乃謂其妻曰吾弟早亡唯有一息理不可絕止應自棄我兒耳幸而得存我後當有子妻泣而從之乃棄其子而去卒以無嗣時人義而哀之爲之語曰天道無知使鄧伯道無兒弟子綏服攸喪三年

太尉郗鑒少值永嘉亂在鄉里甚窮餒鄉人以鑒名德傳共飴之時兄子邁外甥周翼並小常携之就食鄉人曰各自饑困以君賢欲共相濟耳恐不能兼有所存鑒于是獨往食訖以飯着兩頰邊還吐與二兒後並得存同過江邁位至護軍翼爲剡縣令鑒之薨

也翼追撫育之恩解職而歸廬苦心喪三年世有殺其孤覘財利者獨可心哉

姪

宋義興人許昭先叔父肇之坐事繫獄七年不判子姪二十許人昭先家最貧薄專獨料訴無日在家餉饋肇之莫非珍新資產既盡賣宅以充之肇之諸子倦怠惟昭先無有懈息如是七載尚書沈演之嘉其操行肇之事由此得釋

唐柳玭敘其父天平節度使仲郢行事云事季父太保權名公如事元公綽名公非甚疾見太保未嘗不束帶

任大京兆鹽鐵使通衢遇太保必下馬端笏候太保馬過方登車每暮束帶迎太保馬首候起居太保屢以言終不以官達稍改太保常言于公卿間云元公之子事其如事嚴父古之賢者事諸父如父禮也

宋司馬温國文正公家範卷之六終

宋司馬溫國文正公家範卷之七

明侍御鉅鹿後學陳世寶介錫校正

兄

弟

姑姊妹

夫

兄

凡為人兄不友其弟者必曰弟不恭于我自古為弟而不恭者孰若象萬章問于孟子曰父母使舜完廩捐階瞽瞍焚廩使浚井出從而揜之

完治廩倉階梯也使舜登廩屋而捐去其階焚燒其廩也一説旋階舜即旋從階下瞽瞍不知其已下故焚廩也使舜浚井舜入而即出瞽瞍不知已出從而蓋其井以爲死矣

象曰謨蓋都君咸我績

象舜異母弟謨謀蓋覆也都於也君舜也舜有牛羊倉廩之奉故謂之君咸皆績功也象言謀覆于君而殺之者皆我之功欲與父母分舜之有取其善者故引其功也

牛羊父母倉廩父母

歆以牛羊倉廩與其父母

干戈朕琴朕弤朕二嫂使治朕棲弤都禮切

干楯戈戟也琴舜所彈五絃琴也弤彫弓也天子曰彫弓堯禪舜天下故賜之彫弓也棲床也二嫂娥皇女英治牀欲以為妻也

象往入舜宮舜在床琴象曰鬱陶思君爾忸怩

象見舜坐在床鼓琴愕然反言曰我鬱陶思君故來爾辭也忸怩而慙是其色也

舜曰惟茲臣庶汝其于予治

茲此也象素憎舜不至其宮也故舜見來而喜曰

惟念此臣衆汝故助我治耳

不識舜不知象之將殺已與

萬章言我不知舜不知象之將殺已與為好言順辭以答象也

曰奚而不知也象憂亦憂象喜亦喜

奚何也孟子曰舜何為不知象殺已也仁人愛其弟憂喜隨之象方言思君故以順辭荅之

曰然則舜偽喜者與

偽詐也萬章言如是則為舜行至誠而詐喜以悅人矣

曰否昔者有饋生魚於鄭子產子產使校人畜之池校人烹之反命曰始舍之圉圉焉少則洋洋焉攸然而逝子產曰得其所哉得其所哉

孟子言否云舜不詐喜也因爲說子產以喻之子產鄭國之子公孫僑大賢人也校人主池沼小吏也圉圉魚在水羸劣之貌洋洋舒緩搖尾之貌攸然迅走水趣深處也故曰得其所哉重言之嘉得魚之志也

校人出曰孰謂子產智予既烹而食之曰得其所哉得其所哉故君子可欺以其方難罔以非其道彼以

愛兄之道来故誠信而喜之奚僞焉

方類也君子可以事類欺故子產不知校人之食其魚象以其愛兄之言来向舜是亦其類也故誠信之而喜何僞喜也

萬章問曰象日以殺舜為事立為天子則放之何也

惟舜放之何故

孟子曰封之也或曰放焉

舜封象于有庳或有人以為放之

萬章曰舜流共工扵幽州放驩兜于崇山殺三苗扵三危殛鯀扵羽山四罪而天下咸服誅不仁也象至

不仁封之有庳有庳之人奚罪焉仁者固如是乎在他人則誅之在弟則封之

一舜誅四佞以其惡也象惡亦甚而封之仁人用心

一當如是乎罪在他人當誅之在弟則封之

曰仁人之於弟也不藏怒焉不宿怨焉親愛之而已矣親之欲其貴也愛之欲其富也封之有庳富貴之也身為天子弟為匹夫可謂親愛之乎

孟子言仁人於弟不問善惡親愛之而已封者欲使富貴耳身為天子弟雖不仁豈可使為匹夫也

敢問或曰放者何謂也

萬章問放之意

曰象不得有為於其國天子使吏治其國而納其貢焉故謂之放豈得暴彼民哉

象不得施教于其國天子使吏代其治而納貢賦與之比諸見故也有庳雖不得賢君象亦不侵其民也

雖然欲常常而見之故源源而來不及貢以政接于有庳　雖不便象得預政事舜以兄弟之恩欲常常見之無已故源源而來如流水之與源通不及貢者不待朝貢諸侯常禮乃來也其間歲歲自至京

師謂若天子以致事接見有虎之君者實親親之恩也然則弟之不恭益所以彰兄之友也

漢丞相陳平少時家貧好讀書有田三十畝獨與兄伯居伯常耕田縱平使游學平為人長美色人或謂陳平貧何食而肥若是其嫂嫉平之不視家產曰亦食糠覈耳（覈音紇麥糠中不破者也）有叔如此不如無有伯聞之逐其婦而棄之

御史大夫卜式本以田畜為事有少弟弟壯式脫身出獨取畜羊百餘田宅財物盡與弟式入山牧十餘年羊致千餘頭買田宅而弟盡破其產式輙復分與

弟者數矣

隋吏部尚書牛弘弟弼好酒酗嘗醉射殺弘駕車牛弘還宅其妻迎謂曰叔射殺牛弘聞無所恠問直荅曰作脯坐定其妻又曰叔忽射殺牛大是異事弘曰已知顏色自若讀書不輟

唐朔方節度使李光進弟河東節度使光顏先娶婦母委以家事及光進娶婦母已亡光顏妻籍家財納管鑰於光進妻光進妻不受曰婦嘗逮事先姑且受先姑之命不可改也因相持而泣卒令光顏妻主之矣

平章事韓滉有幼子夫人柳氏所生也弟湟戲于堂上誤墜階而死滉禁約夫人勿悲啼恐傷叔郎意爲兄如此豈妻妾它人所能間哉

弟

弟之事兄主於敬愛齊射聲校尉劉璡音津兄瓛夜隔壁呼璡璡不答方下床著衣立然後應瓛怪其久璡曰尚[illegible]帶未竟

梁安[illegible]康王秀于武帝布衣昆弟及爲君臣小心畏敬踈賤者帝益以此賢之若此可謂能敬矣

後漢[illegible]郎鄭均兄爲縣吏頗受禮遺均數諫止不聽

即脫身為傭歲餘得錢帛歸以與兄曰物盡可復得爲吏坐贓終身捐棄兄感其言遂爲廉潔均好義篤實養寡嫂孤兄恩禮甚至

晉咸寧中疫潁川庾袞二兄俱亡次兄毗復危殆厲氣方熾父母諸弟皆出次于外袞獨留不去諸父兄強之乃曰袞性不畏病遂親自扶侍晝夜不眠其間復撫柩哀臨不輟如此十有餘旬疫勢既歇家人乃反毗病得差袞亦無恙父老咸曰異哉此子守人所不能守行人所不能行歲寒然後知松柏之後凋始知疫癘之不相染也

右光祿大夫顏含兄畿咸寧中得疾就醫自療遂死於醫家家人迎喪旐每遶樹而不可解引喪者頓仆稱畿言曰我壽命未死但服藥太多傷我五臟耳今當復活慎無葬也其兄祝之曰若爾有命復生豈非骨肉所願今但欲還家不爾葬也旐乃解及還其婦夢之曰吾當復生可急開棺婦頗說之其夕母及家人又夢之即欲開棺而父不聽含時尚少乃慨然曰非常之事古則有之今靈異至此開棺之痛孰與不開相負父母從之共乃發棺有生驗以手刮棺指爪盡傷氣息甚微有亡不分矣飲哺將護累月猶不能

語飲食所須託之以梦闔家營視頓廢生業雖在母妻不能無倦矣含乃絕棄人事躬親侍養足不出戶者十有三年石崇重含淳行贈以甘旨含謝而不受或問其故答曰病者綿昧生理未全既不能進噉又未識人患若當有留豈施者之意也纖竟不起含二親既終兩兄既沒次嫂樊氏因疾失明含課勵家人盡心奉養日自嘗省藥饌察問息耗必簪屨束帶以至病愈

後魏正平太守陸凱兄琇坐咸陽王禧謀反事被收卒于獄凱痛兄之死哭無時節目幾失明訴冤不已

備盡人事至正始初世宗復務官爵凱大喜置酒集諸親曰吾所以數年之中抱痛忍死者顧門户計耳逝者不追今願畢矣遂以其年卒

唐英公李勣貴爲僕射其姊病必親爲然火煑粥火焚其鬚鬢姊曰僕射妾多矣何爲自苦如是勣曰豈爲無人耶顧今姊年老勣亦老雖欲久爲姊煑粥復可得乎若此可謂能愛矣

夫兄弟至親一體而分同氣異息詩云凡今之人莫如兄弟又云兄弟鬩于墻外禦其侮言兄弟同休戚不可與它人議之也若巳之兄弟且不能愛何況它

人巳不愛人人誰愛巳人皆莫之愛而患難不至者未之有也詩云毋獨斯畏此之謂也兄弟手足也今有人斷其左足以益右手庸何利乎虺一身兩口爭食相齕遂相殺也爭利而相害何異于虺乎

顔氏家訓論兄弟曰方其幼也父母左提右挈前襟後裾食則同案衣則傳服學則連業遊則共方雖有悖亂之人不能不相愛也及其壯也各妻其妻各子其子雖有篤厚之人不能不少衰也娣姒之比兄弟則疎薄矣今使疎薄之人而節量親厚之恩猶方底而圓蓋必不合也唯友悌深至不為傍人之所移者

可免夫兄弟之際異于他人望深則易怨比他親則
易弭譬猶居室一穴則塞之一隙則塗之無穨毀之
慮如雀鼠之不卹風雨之不防壁陷楹淪無可救矣
僕妾之為雀鼠妻子之為風雨甚哉兄弟不睦則子
姪不愛子姪不愛則群從疏薄群從疏薄則童僕為
讎敵矣如此則行路皆踖其面而蹈其心誰救之哉
人或交天下之士皆有懽愛而失敬于兄者何其能
多而不能少也人或將數萬之師得其死力而失恩
於弟者何其能踈而不能親也娣姒者多爭之地也所
以然者以其當公務而就私情處重責而懷薄義也

若能恕己而行換子而撫則此患不生矣人之事兄不同於事父何然愛弟不如愛子乎是灰照而不明也

吳太伯及弟仲雍皆周太王之子而太伯季歷之兄也季歷賢而有聖子昌太王欲立季歷以及昌於是太伯仲雍二人乃犇荊蠻文身斷髮示不可用以迎季歷季歷果立是為王季而昌為文王太伯之犇荊蠻自號句吳荊蠻義之從而歸之千餘家立為吳太伯孔子曰太伯其可謂至德也已矣三以天下讓民無得而稱焉

伯夷叔齊孤竹君之三子也父欲立叔齊及父卒叔齊讓伯夷伯夷曰父命也遂逃去叔齊亦不肯立而逃之國人立其中子

宋宣公捨其子與夷而立穆公穆公疾復捨其子馮而立與夷君子曰宣公可謂知人矣立穆公其子饗之命以義夫

吳王壽夢卒有子四人長曰諸樊次曰餘祭次曰夷昧次曰季札季札賢而壽夢欲立之季札讓不可於是乃立長子諸樊諸樊卒有命授弟餘祭欲傳以次必致國於季札而止季札終逃去不受

漢扶陽侯韋賢病篤長子太常丞弘坐宗廟事繫獄罪未決室家問賢當為後者賢恚恨不肯言於是賢門下生博士義倩等與室家計共矯賢令使家丞上書言大行以大河都尉玄成為後賢薨玄成在官聞喪又言當為嗣玄成深知其非賢雅意即陽為病狂卧便利妄笑語昏亂徵至長安既葬當襲爵以狂不應召大鴻臚奏狀章下丞相御史案驗遂以玄成實不病劾奏之有詔勿劾引拜玄成不得已受爵宣帝高其節將上欲淮陽憲王為嗣然因太子起於細微又早失母故不忍也久之上欲感風憲王輔以禮讓之臣乃召

拜玄成為淮陽中尉

陵陽侯丁綝卒子鴻當襲封上書讓國于弟成不報既葬挂衰絰於冢廬而逃去鴻與九江人鮑駿相友善及鴻亡封與駿遇於東海陽狂不識駿駿乃止而讓之曰春秋之義不以家事廢王事今子以兄弟私恩而絕父不滅之基可謂智乎鴻感悟垂泣歎息乃還就國

居巢侯劉般卒子愷當襲爵讓於弟憲遁逃避封久之章和中有司奏請絕愷國肅宗美其義將優假之愷猶不出積十餘歲至永元十年有司復奏之侍中

賈逵上書稱愷有伯夷之節宜蒙矜宥全其先公以增聖朝尚德之美和帝納之下詔曰王法崇善成人之美其聽憲嗣爵遭事之宜後不得以爲比乃徵愷拜爲郎

後魏高涼王孤平文皇帝之第四子也多才藝有志略烈帝之前元年國有内難昭成爲質於後趙烈帝臨崩顧命迎立昭成及崩群臣咸以新有大故昭成来未可果宜立長君次弟屈剛猛多變不如孤之寛和柔順於是大人梁蓋等殺屈共推孤爲嗣孤不肯乃自詣鄴奉迎請身留爲質石季龍義而從之昭成

即王位乃分國半部以與之然兄弟之際宜相與以
誠若徒事形迹則外雖有愛而內實乖離矣
宋祠部尚書蔡廓奉兄軌如父家事大小皆諮而後
行公祿賞賜一皆入軌有所資須悉就典者請焉從
武帝在彭城妻郗氏書求夏服時軌為給事中廓答
書曰知須夏服計給事自應相供無容別寄歸使廓
從妻言乃乖離之漸也
梁安成康王秀與弟始興王憺友愛尤篤憺久為荊
州刺史常以所得中分秀秀稱心受之不辭多也若
此可謂能盡誠矣

衛宣公惡其長子伋子使諸齊使盜待諸莘將殺之
弟壽子告之使行不可曰棄父之命惡用子矣有無
父之國則可也及行飲以酒壽子載其旌以先盜殺
之伋子至曰我之求也此何罪請殺我乎又殺之
王莽末天下亂人相食沛國張孝弟禮為餓賊所得
孝聞之即自縛詣賊曰禮久餓羸瘦不如孝肥飽賊
大驚並放之謂曰且可歸更持米糒來孝求不能得
復往報賊願就烹衆異之遂不害鄉黨服其義
北漢淳于恭兄崇將為盜所烹恭請代得俱免又齊
國兒萌梁郡　成二人兄弟並見執于赤眉將食之

萌成叩頭乞以身代賊亦矜而兩釋焉

宋大明五年發三五丁彭城孫棘弟薩應充行坐違期不至棘詣郡辭列棘為家長令弟不行罪應百死乞以身代薩薩又辭列自引太守張岱疑其不實以棘薩各置一處報云聽其相代顏色並悅甘心赴死棘妻許又寄語屬棘君當門戶豈可委罪小郎且大家臨亡以小郎屬君竟未妻娶家道不立君已有二兒死復何恨岱依事表上孝武詔特原罪勿加辟命并賜帛二十匹

梁江陵王玄紹孝英子敏兄弟三人特相愛友所得

甘旨新異非共聚食必不先嘗孜孜色貌相見如不足者及西臺陷沒玄紹以鬚面魁梧為兵所圍二弟共抱各求代死解不可得遂并命夫賢者之於兄弟或以天下國邑讓之或爭相為死而愚者爭錙銖之利一朝之忿或鬭訟不已或干戈相攻至于破國滅家為他人所有烏在其能利也哉正由智識褊淺見近小而遺遠大故耳豈不哀哉詩云彼令兄弟綽綽有裕不令兄弟交相為瘉其是之謂歟子產曰直鈞幼賤有罪然則兄弟而及於爭雖俱有罪弟為甚矣世之兄弟不睦者多由異母或前後嫡庶更相憎嫉

母既殊情子亦異黨

晉太保王祥繼母朱氏遇祥無道朱子覽年數歲見祥被楚打輒涕泣抱持至于成童每諫其母少止凶虐朱屢以非理使祥覽輒與祥俱又虐使祥妻覽妻亦趨而共之朱患之乃止祥喪父之後漸有時譽朱深疾之密使酖祥覽知之徑起取酒祥疑其有毒争而不與朱遽奪反之自後朱賜祥饌覽先嘗朱輒懼覽致斃遂止覽孝友恭恪名亞于祥仕至光祿大夫

後魏僕射李沖兄弟六人四母所出頗相忿鬩及沖之貴封祿恩賜皆與共之内外輯睦父亡後同居二

十餘年更相友愛久無間然皆沖之德也

北齊南汾州刺史劉豐八子俱非嫡妻所生每一子所生喪諸子皆為制服三年武平中嫡所生喪諸弟並請解官朝廷議而不許

唐中書令韋嗣立黃門侍郎承慶異母弟也母王氏遇承慶甚嚴每有杖罰嗣立必解衣請代母不聽輙私自杖母察知之漸加恩貸兄弟篤睦如此奚異母之足患哉

姑姊

齊攻魯至其郊望見野婦人抱一兒攜一兒而行軍

且及之棄其所抱抱其所携而走於山兒隨而啼婦人隨行不顧齊將問兒曰走者爾毋耶曰是也母所抱者誰也曰不知也齊將乃追之軍士引弓將射之曰止不止吾將射爾婦人乃還齊將問之曰所抱者誰也所棄者誰也婦人對曰所抱者妾兄之子也棄者妾之子也見軍之至將及於追力不能兩護故棄妾之子齊將曰子之於母其親愛也痛甚於心今釋之而反抱兄之子何也婦人曰己之子私愛也兄之子公義也夫背公義而向私愛亡兄子而存妾子幸而得免則魯君不吾畜大夫不吾養庶民國人不吾與

也夫如是則脅肩無所容而累足無所履也子雖痛乎獨謂義何故忍棄子而行義不能無義而視魯國於是齊將案兵而止使人言於齊君曰魯未可伐乃至於境山澤之婦人耳猶知持節行義不以私害公而況朝臣士大夫乎請還齊君許之魯君聞之賜束帛百端號曰義姑姊

梁節姑姊之室失火兄子與己子在室中欲取其兄子輒得其子獨不得兄子火盛不得復入婦人將欲趣火其友止之曰子本欲取兄之子惶恐卒誤得爾子中心謂何何至自赴火婦人曰梁國豈可戶告人

貌也被不義之名何面目以見兄弟國人哉吾欲復投吾子為失父母之恩吾勢不可以生遂竟赴火而死

漢郃陽任延壽妻季兒有三子季兒兄季宗與延壽爭葬父事延壽與其友田建陰殺季宗建獨坐死延壽會赦乃以告季兒季兒曰嘻獨今乃語我乎遂振衣欲去問曰所與共殺吾兄者為誰曰與田建田建已死獨我當坐之汝殺我而已季兒曰殺夫不義事兄之讎亦不義延壽曰吾不敢留汝願以車馬及家中財物盡以送汝惟汝所之季兒曰吾當安之兄死

而讎不報與子同枕席而使殺吾兄內不能和夫家外又縱兄之讎何面目以生而載天覆地乎遂慙而去不敢見李兒李兒乃告其大女曰汝父殺吾兄又義不可以留又終不復嫁矣吾去汝而死汝善視汝兩弟遂以繦自經而死左馮翊王讓聞之大其義令縣復其三子而表其墓

唐冀州女子王阿足早孤無兄弟唯姊一人阿足初適同縣李氏未有子而亡時年尚少人多聘之為姊年老孤寡不能捨去乃誓不嫁以養其姊每晝營田業夜便紡績衣食所須無非阿足出者如此二十餘

年及姊喪葬送以禮鄉人莫不稱其節行兢令妻女求與相識後數歲竟終於家

夫

夫婦之道天地之大義風化之本原也可不重歟易艮下兑上咸彖曰止而説男下女故娶女吉也巽下震上恒彖曰剛上而柔下雷風相與盖人常之道也是故禮壻冕而親迎御輪三周所以下之也既而壻乗車先行婦車從之反尊卑之正也家人初六閑有家悔亡正家之道靡不在初初而驕之至於狼抗浸不可制非一朝一夕之所致也昔舜為匹夫畊漁于

田澤之中妻天子之二女使之行婦道于翁姑非身率以禮義能如是乎

漢鮑宣妻桓氏字少君宣嘗就少君父學父奇其清若故以女妻之裝送資賄甚盛宣不悦謂妻曰少君生富驕習美飾而吾實貧賤不敢當禮妻曰大人以先生修德守約故使賤妾侍執巾櫛既奉承君子唯命是從宣笑曰能如是是吾志也妻乃悉歸侍御服飾更着短布裳與宣共挽鹿車歸鄉里拜姑畢提甕出汲修行婦道鄉邦稱之

扶風梁鴻家貧而介潔勢家慕其高節多欲妻之鴻

並絕不許同縣孟氏有女狀肥醜而黑力舉石臼擇對不嫁行年三十父母問其故女曰欲得賢如梁伯鸞者鴻聞而聘之女求作布衣麻屨織作筐籠緝績之具及嫁始以裝飾入門七日而鴻不答妻乃跪床下請曰竊聞夫子高義簡斥數婦妾亦偃蹇數夫矣今而見擇敢不請罪鴻曰吾欲裘褐之人可與俱隱深山者爾今乃衣綺縞傅粉墨豈鴻所願哉妻曰以觀夫子之志爾妾自有隱居之服乃更椎髻著布衣操作具而前鴻大喜曰此真梁鴻妻也能奉我矣字之曰德曜遂與偕隱是皆能正其初者也夫婦之際

以敬為美
晉白季使過冀見冀缺耨其妻饁之敬相待如賓與之歸言諸文公曰敬德之聚也能敬必有德德以治民君請用之文公從之卒為晉名卿
漢梁鴻避地於吳依大家皐伯通居廡下為人賃舂每歸妻為具食不敢於鴻前仰視舉案齊眉伯通察而異之曰彼傭能使其妻敬之如此非凡人也方舍之於家
晉太宰何曾閨門整肅自少及長無聲樂嬖幸之好年老之後與妻相見皆正衣冠相待如賓已南向妻

北百拜上酒酬酢既畢便出一歲如此者不過再
三焉若此可謂能敬矣
昔莊周妻死鼓盆而歌漢山陽太守薛勤喪妻不哭
臨殯曰幸不為夭夫何恨太尉王龔妻亡與諸子並
杖行服時人兩譏之晉太尉劉寔喪妻為廬杖之制
終喪不御內輕薄笑之寔不以為意彼莊薛弃義而
王劉循理其得失豈不殊哉何譏笑之
易恒六五恒其德貞婦人吉夫子凶象曰婦人貞吉
從一而終也夫子制義從婦凶也丈夫生而有四方
之志威令所施大者天下小者一官而近不行於室

家為一婦人所制不亦可羞哉昔晉惠帝為賈后所制廢武悼楊太后于金墉絶膳而終囚愍懷太子於許昌尋殺之唐肅宗為張后所制遷上皇於西内以憂崩建寧王倓以忠孝受誅彼二君者貴為天子制於悍妻上不能保其親下不能庇其子况於臣民自古及今以悍妻而乖離六親敗亂其家者可勝數哉然則悍妻之為害大也故凡娶妻不可不慎擇也既娶而防之以禮不可不在其初也其或驕縱悍戾訓厲禁約而終不從不可以不弃也夫婦以義合義絶則離之今士大夫有出妻者衆則非之以為無行故

士大夫難之按禮有七出顧所以出之用何如耳若妻寔犯禮而出之乃義也昔孔氏三世出其妻其餘賢士以義出妻者衆矣奚虧於行哉苟室有悍妻而不出則家道何日而寧乎

宋司馬溫國文正公家範卷之七終

宋司馬溫國文正公家範卷之八

明侍御鉅鹿後學陳世寳介錫校正

妻上

太史公曰夏之興也以塗山而桀之放也以妹喜殷之興也以有娀紂之殺也嬖妲己周之興也以姜嫄及大任而幽王之擒也淫於褒姒故易基乾坤詩始關雎夫婦之際人道之大倫也禮之用唯婚姻為兢兢夫樂調而四時和陰陽之變萬物之統也可不慎歟為人妻者其德有六一曰柔順二曰清潔三曰不妬四曰儉約五曰恭謹六曰勤勞夫天也妻地也夫

日也妻月也夫陽也妻陰也天尊而處上地卑而處下日無盈虧月有圓缺陽唱而生物陰和而成物故婦人專以柔順為德不以強辯為美也漢曹大家作女戒其首章曰古者生女三日臥之牀下明其卑弱主下人也謙讓恭敬先人後己有善莫名有惡莫辭忍辱含垢常若畏懼又曰陰陽殊性男女異行陽以剛為德陰以柔為用男以強為貴女以柔為美故鄙諺有云生男如狼猶恐其尫生女如鼠猶恐其虎然則修身莫若敬避強莫若順故曰敬順之道婦人之大禮也又曰婦人之得意於夫主由舅姑之愛己也

舅姑之愛己由叔妹之譽己也由此言之我臧否譽
毀一由叔妹叔妹之心誠不可失也皆知叔妹之不
可失而不能和之以求親其蔽也哉自非聖人鮮能
無過雖以賢女之行聰哲之性其能備乎是故室人
和則謗掩外內離則惡揚此必然之勢也夫叔妹者
體敵而名尊恩踈而義親若淑媛謙順之人則能依
義以篤好崇恩以結援使徽美顯章而瑕過隱塞舅
姑矜善而夫主嘉美聲譽曜于邑鄰休光延於父母
若夫惷愚之人於叔則託名以自高於妹則因寵以
驕盈驕盈既施何和之有恩義既乖何譽之臻是以

美隱而過宣姑忿而夫愠毁訾布于中外耻辱集于厥身進增父母之羞退益君子之累斯乃榮辱之本而顯否之基也可不慎哉然則求叔妹之心固莫尚于謙順矣謙則德之柄順則婦之行兼斯二者足以和矣若此可謂能柔順矣妻者齊也一與之齊終身不改故忠臣不事二主貞女不事二夫易曰柔順利貞君子攸行又曰用六利永貞晏子曰妻柔而正言婦人雖主于柔而不可失正也故后妃踰國必乘安車輜軿下堂必從傅母保阿進退則鳴玉環珮内飾則結紉綢繆

在內覲身衣服也常結紉以自纓顏師古曰組紐
之屬所以自結故也
野處則帷裳擁蔽所以正心一意自斂制也詩云自
伯之東首如飛蓬豈無膏沐誰適為容
適主也故婦人夫不在不為容飾禮也
衛世子共伯早死其妻姜氏守義父母欲奪而嫁之
誓而不許作柏舟之詩以見志
宋共公夫人伯姬魯人也寡居三十五年至景公時
伯姬之宮夜失火左右曰夫人少避火伯姬曰婦人
之義保傅不具夜不下堂待保傅之來也保母至矣

傅母未至也左右又曰夫人少避火伯姬不從遂逮於火而死

楚昭王夫人貞姜齊女也王出遊留夫人漸臺之上而去王聞江水大至使使者迎夫人忘持其符使者至請夫人出夫人曰王與宮人約令召宮人必以符今使者不持符妾不敢從使曰今水方大至還而取符則恐後矣夫人不從于是使者反取符未還則水大至臺崩夫人流而死

蔡人妻宋人之女也既嫁而夫有惡疾其母將改嫁之女曰夫人之不幸也柰何去之適人之道一與之

醮紂身不改不幸遇惡疾彼無大故又不遣妾何以得去終不聽

梁寡婦高行榮於色而美于行早寡不嫁梁貴人多爭欲娶之者不能得梁王聞之使相娉焉高行曰妾夫不幸早死妾守養其幼孤貴人多求妾者妾而得免今王又重之妾聞婦人之義一往而不改以全貞信之節今慕貴而忘賤弃義而從利無以為人乃援鏡持刀以割其鼻曰妾已刑矣所以不死者不忍幼弱之童孤也王之求妾以其色也今刑餘之人殆可釋矣于是相以報王王大其義而高其行乃復其身

尊其號曰高行

漢陳孝婦年十六而嫁未有子其夫當行戍夫且行時屬孝婦曰我生死未可知幸有老母無他兄弟備養吾不還汝肯養吾母乎婦應曰諾夫果死不還婦乃養姑不衰慈愛愈固紡績織紝以為家業終無嫁意居喪三年父母哀其年少無子而早寡也將取而嫁之孝婦曰夫行時屬妾以其老母妾既許諾之矣養人老母而不能卒許人以諾而不能信將何以立于世欲自殺其父母懼而不敢嫁也遂使養其姑二十八年姑八十餘以天年終盡賣其田宅財物以葬

之終奉祭祀淮陽太守以聞孝文皇帝使使者賜黄
金四十斤復之終身無所與號曰孝婦
吳許升妻呂榮郡遭寇賊榮踰垣走賊持刀追之賊
曰從我則生不從我則死榮曰義不以身受辱寇虜
也遂殺之是日疾風暴雨雷電晦冥賊惶恐叩頭謝
罪乃殯葬之
沛劉長卿妻五更桓榮之孫也生男五歲而長卿卒
妻防遠嫌疑不肯歸寧兒年十五晚又夭歿妻慮不
免乃豫刑其耳以自誓宗婦相與愍之共謂曰若家
殊無他意假令有之猶可因姑姊妹以表其誠何貴

義輕身之甚哉對曰昔我先君五更學為儒宗尊為
帝師五更以來歷代不替男以忠孝顯女以貞順稱
詩云無忝爾宗聿修厥德是以豫自刑剪以明我情
沛相王吉上奏高行顯其門閭號曰行義桓嫠縣邑
有祀必膳焉

渡遼將軍皇甫規卒時妻年猶盛而容色美後董卓
為相國承其名娉以軿輜百乘馬四十匹奴婢錢帛
充路妻乃輕服詣卓門跪自陳請辭甚酸愴卓使傳
奴侍者悉拔刀圍之而謂曰孤之威教欲令四海風
靡何有不行于一婦人乎妻知不免乃立罵卓曰君

羌胡之種毒害天下猶未足耶妾之先人清德奕世
皇甫氏文武上才為漢忠臣君親非其趣使走吏乎
敢欲行非禮于爾君夫人耶卓乃引車庭中以其頭
縣軛鞭撲交下妻謂持杖者曰何不重乎速盡為惠
遂死車下後人圖畫號曰禮宗云
魏大將軍曹爽從弟文叔妻譙郡夏侯文寧之女名
令女文叔早死服闋自以年少無子恐家必嫁已乃
斷髮以為信其後家果欲嫁之令女聞即復以刀截
兩耳居止嘗依爽及爽被誅曹氏盡死令女叔父上
書與曹氏絶婚強迎令女歸時文寧為梁相憐其少

執義又曹氏無遺類冀其意阻乃微使人諷之令女歎且泣曰吾亦惟之計之是也家以為信防之少懈令女于是竊入寢室以刀斷鼻蒙被而臥其母呼與語不應發被視之流血滿牀席舉家驚惶奔往視之莫不酸鼻或謂之曰人生世間如輕塵棲弱草耳何至辛苦迺爾且夫家夷滅已盡守此欲誰為哉令女曰聞仁者不以盛衰改節義者不以存亡易心曹氏前盛之時尚欲保終況今衰亡何忍棄之禽獸之行吾豈為乎司馬宣王聞而嘉之聽使乞子養為曹氏後

後魏鉅鹿魏溥妻房氏者，慕容垂貴鄉太守常山房湛女也。幼有烈操，年十六而溥遇疾且卒，顧謂之曰：「死不足恨，但痛母老家貧，赤子蒙眇，抱怨于黃壚耳。」房垂泣而對曰：「幸承先人餘訓，出事君子，義在偕老。有志不從，蓋其命也。今夫人在堂，弱子襁褓，顧當以身少相感，永深長往之恨。」俄而溥卒。及將大歛，房氏操刀割左耳，投之棺中，仍曰：「鬼神有知，相期泉壤。」流血滂然，喪者哀懼。姑劉氏輟哭而謂曰：「新婦何至于此？」對曰：「新婦少年不幸早寡，實慮父母未量至情，覬持此自誓耳。」聞知者莫不感愴。時子緝生未十旬，鞠

育于後房之內未曾出門遂終身不聽絲竹不預坐
席緝年十二房父母仍存於是歸寧父母尚有異議
緝竊聞之以啓其母房命駕給云他行因而遂歸其
家弗知之也行數十里方覺兄弟來追房哀歎而不
反其執意如此
滎陽張洪祁妻劉氏者年十七夫亡遺腹生一子二
歲又沒其舅姑年老朝夕養奉率禮無違兄矜其少
寡欲奪嫁之劉自誓不許以終其身
陳留董景起妻張氏者景起早亡張時年十六痛夫
少喪哀傷過禮蔬食長齋又無兒息獨守貞操期以

闔檀鄉曲高之終見標異
隋大理卿鄭善果母崔氏周末善果父誠討尉遲迥力戰死于陳母年二十而寡父彥睦欲奪其志母抱善果曰婦人再無適男子之義且鄭君雖死幸有此兒弃兒為不慈背夫為無禮寧當割耳剪髮以明素心違禮滅慈非敢聞命遂不嫁教養善果至于成名自初寡便不御脂粉常服大練性又節儉非祭祀賓客之事酒肉不妄陳其前靜室端居未嘗輒出門閭內外姻戚有吉凶事但厚加贈遺皆不詣其家
韓覬妻于氏父實周大左輔于氏年十四適于覬雖

生長膏腴家門鼎貴而動遵禮度躬自儉約宗黨歎之年十八覲從軍沒于氏哀毀骨立慟感行路每朝夕奠祭皆手自捧持及免喪其父以其幼少無子欲嫁之誓不許遂以夫孼子世隆為嗣身自撫育愛同巳生訓導有方卒能成立自孀居以後唯時或歸寧至于親族之家絕不往來有尊親就省謁者送迎皆不出戶庭蔬食布衣不聽聲樂以此終身隋文帝聞而嘉歎下詔褒美表其門閭長安中號為節婦閭

周虢州司戶王凝妻李氏家青齊之間凝卒于官家素貧一子尚幼李氏攜其子負其遺骸以歸東過開

封止旅舍主人見其婦人獨携一子而疑之不許其宿李氏顧天已暮不肯去主人牽其臂而出之李氏仰天慟曰我為婦人不能守節而此手為人執耶不可以一手并污吾身即引斧自斷其臂路人見者環聚而嗟之或為之泣下開封尹聞之白其事於朝官為賜藥封瘡卹李氏而笞其主人若此可謂能清潔矣

宋司馬溫國文正公家範卷之八終

宋司馬溫國文正公家範卷之九

明侍御鉅鹿後學陳世寶介錫校正

妻下

禮自天子至于命士媵妾皆有數惟庶人無之謂之匹夫匹婦是故關雎美后妃樂得淑女以配君子慕窈窕思賢才而無傷淫之心至于樛木螽斯桃夭芣苢小星皆美其無妒忌之行文母十子衆妾百斯男此周之所以興也詩人美之然則婦人之美無如不妒矣

晉趙衰從晉文公在狄狄女叔隗生盾文公返國

以女趙姬妻衰生原同屏括樓嬰趙姬請逆盾與其母衰辭而不敢姬曰不可得寵而忘舊不義好新而慢故無恩與人勤于隘阨富貴而不顧無禮弃此三者何以使人必逆叔隗及盾來姬以盾為才固請于公以為嫡子而使其三子下之以叔隗為內子而巳下之

楚莊王夫人樊姬曰妾幸得備掃除十有一年矣未嘗不捐衣食遣人之鄭衛求美人而進之于王也妾所進者九人今賢于妾者二人與妾同列者七人妾知妨妾之愛奪妾之貴也妾豈不欲擅王之愛奪王

之寵哉不敢以私蔽公也

宋女宗者鮑蘇之妻也既以養姑甚謹鮑蘇去而仕於衛三年而娶外妻焉女宗之養姑愈謹因往來者請問鮑蘇不輟賂遺外妻甚厚女宗之姒謂女宗曰可以去矣女宗曰何故姒曰夫人既有所好子何留乎女宗曰婦人以專一為貞以善從為順貞順者婦人之所寶豈以專夫室之愛為善哉若抗夫室之好苟以自榮則吾未知其善也夫禮天子妻妾十二諸侯九大夫三士二今吾夫固士也其有二不亦宜乎且婦人有七去七去之道妒正為首姒不教吾以居

室之禮而反使吾為見棄之行將安用此遂不聽事
姑愈謹宋公聞而美之表其閭號曰女宗
漢明德馬皇后伏波將軍援之女也年十三選入太
子宮接侍同列先人後己由此見寵及帝即位常以
皇嗣未廣每懷憂嘆薦達左右若恐不及後宮有進
見者每加慰納若數所寵引輒增隆遇未幾立為皇
后是知婦人不妬則益為君子所賢欲專寵自私則
愈疎矣由其識慮有遠近故也
後唐太祖正室劉氏代北人也其次妃曹氏太原人
也太祖封晉王劉氏封秦國夫人無子性賢不妬忌

常為太祖言曹氏相當生貴子宜善待之而曹氏亦自謙退因相得甚歡曹氏封晉國夫人後生子是謂莊宗太祖奇之及莊宗即位冊尊曹氏為皇太后而以嫡母劉氏為皇太妃太妃往謝太后太后有慙色太妃曰願吾兒享國無窮使吾曹獲沒于地以從先君幸矣他復何言莊宗滅梁入洛使人迎太后歸洛居長壽宮太妃戀陵廟獨留晉陽太妃與太后甚相愛其送太后往洛涕泣而別歸而相思慕遂成疾太后聞之欲馳至晉陽視病及其卒也又欲自往葬之莊宗泣諫群臣交章請留乃止而太后自太妃卒悲

衣不飲食逾月亦崩莊宗以妾母加於嫡母刘后猶
不愠況以妾事女君如禮者乎若此可謂能不妬矣
葛覃美后妃恭儉節用服浣濯之衣然則婦人固以
儉約為美不以侈立為美也
漢明徳馬皇后常衣大練裙不加緣朔望諸姬主朝
請望見后袍衣粗疎反以為綺縠就視乃笑后辭曰
此繒特宜染色故用之耳六宮莫不歎息性不喜出
入遊觀未嘗臨御窓牖又不好音樂上時幸苑囿離
宮希嘗從行彼天子之后猶如是況臣民之妻乎
漢鮑宣妻桓氏歸侍御服飾著短布裳挽鹿車

梁鴻妻屏綺縞著布衣麻履操緝績之具

並見夫門

唐岐陽公主適殿中少監杜悰謀曰上所賜奴婢卒不肯窮屈奏請納之上嘉歎許可因錫其直悉自市寒賤可制指者自是閨門落然不聞人声悰為澧州刺史主後悰行郡縣閒主且至殺牛羊犬馬數百人供具主至從者不二十人六七婢乘驢門葺約所至不得肉食驛吏立門外舁飯食以返不數日閒聞於京師衆言說以為興事悰在澧州三年主自始入後三年間不識刺史所屏彼天子之女猶如是況寒族

乎若此可謂能節儉矣

古之賢婦未有不恭其夫者也曹大家女戒曰得意一人是謂永畢失意一人是謂永訖由斯言之夫不可不求其心然所求者亦非謂佞媚苟親也固莫若專心正色礼義貞潔耳耳無塗聽目無邪視出無冶容入無廢飾無聚群輩無看視門戶此則謂專心正色矣若夫動靜輕脫視聽陜輸

陜輸不定貌

入則亂髮壞形出則窈窕作態說所不當道觀所不當視此謂不能專心正色矣是以亦缺之妻鎰其夫

相待如賓梁鴻之妻饋其夫舉案齊眉若此可謂能
恭謹矣
易家人六二無攸遂在中饋詩葛覃美后妃在父母
家志在女工為絺綌服勞辱之事采蘋采蘩美夫人
能奉祭祀彼后夫人猶如是况臣民之妻可以端居
終日自安逸乎魯大夫公父文伯退朝朝其母其母
方績文伯曰以歜之家而主猶績乎懼干季孫之怒
也其以歜為不能事主乎母嘆曰魯其亡乎使僮子
備官而未之聞也王后親織玄紞
玄紞冠之垂前後者一云紞所以懸瑱當耳者也

公侯之夫人加之以紘綖

既織紞復加之紘綖也紘纓之無緌者也從下而上不結綖冕上覆之者也

卿之內子為大帶

卿之適妻曰內子大帶緇帶也

命婦成祭服

命婦大夫之妻也祭服玄衣纁裳也

列士之妻加之以朝衣

列士元士也既祭服又加之以朝服也朝服天子之士皮弁素績諸侯之士玄端委貌

自庶士以下皆衣其夫

庶士下士也下至庶人也

社而賦事蒸而獻功

社春分祭社也事農桑之屬也冬祭曰蒸蒸而獻五谷布帛之屬也

男女效績愆則有辟古之制也

辟罪也

今我寡也爾又在下位朝夕處事猶恐忘先人之業況有怠惰其何以避辟吾冀而朝夕修我曰必無廢先人耳今日胡不自安以是承君之官余懼穆伯之

絕嗣也

漢明德馬皇后自爲衣桂手皆瘃裂皇后猶尔況他人乎　曹大家女戒曰晚寢早作勿憚夙夜執務私事不辭劇易所作必成手迹整理是謂勤也若此可謂能勤勞矣

爲人妻者非徒備此六德而已又當輔佐君子成其令名是以卷耳求賢審官殷其雷勸以義汝墳勉之以正鷄鳴警戒相成此皆内助之功也自塗山至于太姒其徽風著于經典無以尚之周宣王姜后齊女也宣王嘗晏起后脫簪珥待罪永巷使其傅母通言

於王曰妾之淫心見矣至使君王失禮而晏朝以見君王樂色而忘德也敢請婢子之罪王曰寡人不德實自生過非后之罪也遂復姜后而勤于政事早朝晏退卒成中興之名故雞鳴樂擊鼓以告旦后夫人必鳴珮而去君所禮也

齊桓公好淫樂衛姬為之不聽

楚莊王初即位狩獵畢弋樊姬諫不止乃不食鳥獸之肉三年王勤于政事不倦

晉文公避驪姬之難適齊齊桓公妻之有馬二十乘公子安之從者以為不可將行謀于桑下蠶妾在其

上以告姜氏姜氏殺之而謂公子曰子有四方之志其聞之者吾殺之矣公子曰無之姜曰行也懷與安實敗名公子不可姜與子犯謀醉而遣之卒成霸功

陶大夫荅子治陶名譽不興家富三倍妻數諫之荅子不用居五年從車百乘歸休宗人擊牛而賀之其妻獨抱兒而泣姑怒而數之曰吾子治陶五年從車百乘歸休宗人擊牛而賀之婦獨抱兒泣何其不祥也婦曰夫人能薄而官大是謂嬰害無功而家昌是謂積殃昔令尹子文之治國也家貧而國富君敬之民戴之故福結于子孫名垂于後世今夫子則不然

貪富務大不顧後害逢禍必矣願與少子俱脫姑怒
遂弃之處期年吝子之家果以盜誅唯其母以老免
婦乃與少子歸養姑終卒天年
楚王聞於陵子終賢欲以為相使使者持金百鎰往
聘迎之於陵子終入謂其妻曰楚王欲以我為相我
今日為相明日結駟連騎食方于前子意可乎妻曰
夫子織屨以為食業才辱而無憂者何也非與物無
治乎左琴右書樂在其中矣夫結駟連騎所安不過
容膝食方于前所飽不過一肉以容膝之安一肉之
味而懷楚國之憂其可乎亂世多害吾恐先生之不

保命也於是子終出謝使者而不許也遂與相逃而為人灌園

漢明德馬皇后數規諫明帝辭意款備時楚獄連年不斷囚相証引坐繫者甚衆后慮其多濫乘間言及帝惻然感悟夜起彷徨為思所納卒多有降宥時諸將奏事及公卿較議難平者帝數以試后后輒分解趣理各得其情每于侍執之際輒言及政事多所毗補而未嘗以家私干欲

河南樂羊子嘗行路得遺金一餅還以與妻妻曰妾聞志士不飲盜泉之水廉者不受嗟來之食況拾遺

求利不汚其行乎羊子大慙乃捐金于野而遠尋師學一年來歸妻跪問其故羊子曰久行懷思無它異也妻乃引刀趣機而言曰此織生自蠶繭成于機杼一絲而累以至于寸累寸不已遂成丈匹今若斷斯織也則捐失成功稽廢時月夫子積學當日知其所亡以就懿德若中道而歸何異斷斯織乎羊子感其言復終還業遂七年不反妻常躬勤養姑又遠饋羊子

吳許升少為博徒不治操行妻呂榮嘗躬勤家業以奉養其姑數勸升修學每有不善輒流涕進規榮父

積忿疾升乃呼榮欲改嫁之榮嘆曰命之所遭義無
離二終不肯歸升感激自勵乃尋師遠學遂以成名
唐文德長孫皇后崩太宗謂近臣曰后在宮中每能
規諫今不復聞善言內失一良佐以此令人哀耳此
皆以道輔佐君子者也
漢長安大昌里人妻其夫有仇人欲報其夫而無道
徑聞其妻之孝有義乃刼其妻之父使要其女為中
譎父呼其女告之女計念不聽之則殺父不孝聽之
則殺夫不義不孝不義雖生不可以行于世欲以身
當之乃且許諾曰旦日在樓新沐東首臥則是矣妾

請開牖戶待之還其家乃詬其夫使卧他所因自沐
居樓上東首開牖戶而卧夜半仇家果至斷頭持去
明而視之乃其妻首也仇人哀痛之以為有義遂釋
不殺其夫
光啟中楊行密圍秦彥畢師鐸楊州城中食盡人相
食軍士掠人而賣其肉有洪州商人周迪夫婦同在
城中迪餒且死其妻曰今饑饉勢不兩全君有老母
不可以不歸願鬻妾于屠肆以濟君行道之資遂詣
屠肆自鬻得白金十兩以授迪號泣而別迪至城門
以其半賂守者求去守者詰之迪以實對守者不之

信與共詰屠肆驗之見其首已在案上衆聚觀莫不嘆息竟以金帛遺之廸收其餘骸負之而歸古之節婦有以死殉其夫者况敢庸奴其夫乎

司馬溫國文正公家範卷之九終

宋司馬温國文正公家範卷之十

明侍御鉅鹿後學陳世寶介錫校

舅甥

舅姑

婦

妾

乳母

舅甥

秦康公之母晉獻公之女文公遭驪姬之難未反而秦姬令穆公納文公康公時為太子贈送文公于渭

之陽念母之不見也曰我見舅氏如母存焉故作渭陽之詩

漢魏郡霍諝有人誣諝舅宋光于大將軍梁商者以為妄刋文章坐繫洛陽詔獄掠考困極諝時年十五奏記于商為光訟寃辭理明切商高諝才志即為奏原光罪由是顯名

晉司空郗鑒頰邊貯飯以活外甥周翼見伯叔父門鑒薨翼為剡令解職而歸席苫心喪三年此皆舅甥之有恩者也

舅姑

晏子稱姑慈而從婦聽而婉禮之善物也

禮子婦有勤勞之事雖甚愛之姑縱之而寧數休之

不可愛此而移苦於彼也

子婦未孝未敬勿庸疾怨

庸之爲言用也

姑教之若不可教而后怒之

怒譴責也

不可怒子放婦出而不表禮焉

表猶明也猶爲隱之不表明其犯禮之過也

季康子問于公父文伯之母曰主亦有以語肥也對
曰吾聞之先姑曰君子能勞後世有繼
　能勞能自卑勞貴而不驕也有繼子孫不廢也
子夏聞之曰善哉商聞之曰古之嫁者不及舅姑謂
之不幸夫婦學于舅姑者禮也
唐禮部尚書王珪子敬直尚南平公主禮有婦見舅
姑之儀自近代公主出降此禮皆廢珪曰今主上欽
明動循法制吾受公主謁見豈為身榮所以承國家
之美耳遂與其妻就席而坐令公主親執笲行盥饋
之道禮成而退是後公主下降有舅姑者皆備婦禮

自珪姑也
笲之為器似筥以竹或葦為之衣以青繒以盛棗栗腶脩之贄

婦

內則婦事舅姑與子事父母畧同

見子門

舅沒則姑老

謂傳家事于長婦也

冢婦則祭祀賓客每事必請于姑

婦雖受傳猶不敢專行也

介婦請于冢婦

以其代姑之事介婦衆婦也

舅姑若使冢婦毋怠不友無禮於介婦舅姑若使介婦無敢敵耦于冢婦

雖有勤勞不敢掉磬

不敢並行不敢並命不敢並坐

下冢婦也命為使令

凡婦不命適私室不敢退

婦事舅姑者也

婦將有事大小必請于姑

不敢專行

子婦無私貨無私畜無私器不敢私假不敢私與

家事統于尊也

婦或賜之飲食衣服布帛佩帨茝蘭則受而獻諸舅姑舅姑受之則喜如新受賜

或賜之謂私親兄弟

若反賜之則辭不得命如更受賜藏以待之

待舅姑之乏也不得命者不見許也

婦若有私親兄弟將與之則必復請其故賜而後與之

曹大家女戒曰舅姑之意豈可失哉固莫尚于曲從矣姑云不尓而是固宜從命姑云尓而非猶宜順命勿得違戾是非爭分曲直此則所謂曲從矣故女憲曰婦如影響焉可不賞

影響言順從也

漢廣漢姜詩妻同郡龐盛之女也詩事母至孝妻奉順尤篤母好飲江水去舍六七里妻嘗泝流而汲後值風不時得還母渴詩責而遣之妻乃寄止鄰舍晝夜紡績市珍羞使鄰母以意自遺其姑如是者久之姑怪問鄰母鄰母具對姑感慚呼還恩養愈謹其子

後因遠汲溺死妻恐姑哀傷不敢言而託以行學不
在
河南樂羊子從學七年不反妻嘗躬勤養姑嘗有它
舍雞謬入園中姑盜殺而食之妻對雞不餐而泣姑
怪問其故妻曰自傷居貧使食他肉姑竟棄之然則
舅姑有過婦亦可幾諫也
後魏樂部郎胡長命妻張氏事姑王氏甚謹太安中
京師禁酒張以姑老且患私為醞釀為有司所糺王
氏詣曹自首由已私釀張氏曰姑老抱患張主家事
姑不知釀主司不知所處平原王陸麗以狀奏文成

義而救之

唐鄭義宗妻盧氏畧涉書史事舅姑甚得婦道嘗夜有强盜數十人持杖鼓譟踰垣而入家人悉奔竄唯有姑獨在堂盧冒白刃往至姑側為賊捶擊幾至于死賊去後家人問何獨不懼盧氏曰人所以異禽獸者以其有仁義也鄰里有急尚相赴救況在于姑而可委棄若萬一危禍豈宜獨生其姑每云古人稱歲寒然後知松柏之後凋也吾今乃知盧新婦之心矣若盧氏者可謂能知義矣

詩何彼襛矣美王姬也雖則王姬亦下嫁于諸侯車

服不繫其夫下王后一等猶知婦道以成肅雍之德
舜妻堯之二女行婦道于虞氏
唐岐陽公主憲宗之嫡女穆宗之母妹母懿安郭皇后尚父子儀之孫也適工部尚書杜悰遠事舅姑杜氏大族其他宜為婦禮者不翅數千人主卑委怡順奉上撫下終日惕惕屏息拜起一同家人禮度二十餘年人未嘗以絲髮間指為貴驕承奉大族時歲獻饋吉凶聘助必親經手姑凉國太夫人寢疾比喪及葬主奉養蚤夜不解帶親自嘗藥粥飯不經心手一不以進既而哭泣哀號感動他人彼天子之女猶不

敢失婦道柰何臣民之女乃敢恃其富貴以驕其舅
姑為婦若此為夫者宜弃之為有司者治其罪可也

妾

內則雖婢妾衣服飲食必後長者

人貴賤不可以無禮

妾事女君猶臣事君也尊卑殊絕禮節宜明是以綠
衣黃裳詩人所刺慎夫人與竇后同席袁盎引而卻
之董宏請尊下傅師丹劾奏其罪皆所以防微杜漸
抑禍亂之原也或者主母屈己以下之猶當貶抑退
避謹守其分況敢挾其主父與子之勢陵慢其女君

乎

衛宗二順者衛宗室靈王之夫人及其傅妾也秦滅衛君乃封靈王世家使其奉祀靈王死夫人無子而守寡傅妾有子代後傅妾事夫人八年不衰供養愈謹夫人謂傅妾曰孺子養我甚謹子奉祀而妾事我我不願也且吾聞主君之母不妾事人今我無子于禮斥絀之人也而得留以盡節是我幸也今又煩孺子不改故節我甚內慚吾願出居外以時相見我甚便之傅妾泣而對曰夫人欲使靈氏受三不祥邪公不幸早終是一不祥也夫人無子而婢妾有子是二

不祥也夫人欲居外使婢妾居內是三不祥也妾聞忠臣事君無時懈倦孝子養親患無日也妾豈敢以少貴之故變妾之節哉供養固妾之職也夫人又何勤乎夫人曰無子之人而辱主君之母雖子欲尒衆人謂我不知禮也吾終願居外而已傅妾退而謂其子曰吾聞君子處順奉上下之儀修先古之禮此順道也今夫人難我將欲居外使我處內逆也處逆而生豈若守順而死哉遂欲自殺其子泣而守之不听夫人聞之懼遂許傅妾留終年供養不衰

後唐莊宗不知禮尊其所生為太后而以嫡母為太

妃太妃不以愠太后不敢自尊二人相好終始不衰

事見妻門

是亦近世所難

乳母 保母附

內則異為孺子室于宮中

特歸一處以處之

擇于諸母與可者必求其寬裕慈惠溫良恭敬慎而寡言者使為子師其次為慈母其次為保母皆居子室

此人君養子之禮也諸母衆妾也可者傅御之屬

也子師教示以善道者慈母知其嗜欲者保母安

其居處者士妾食乳之而已

他人無事不往

魯孝公義保臧氏初孝公父武公與其二子長子括中子戲朝周宣王宣王立戲為魯太子武公薨戲立長為懿公孝公時號公子稱最少義保與其子俱入宮養公子稱括之子曰伯御與魯人作亂攻殺懿公而自立求公子稱于宮中入殺之義保聞伯御將殺稱衣其子以稱之衣臥于稱之處伯御殺之義保遂抱稱以出遇稱舅魯大夫于外舅問稱死乎義保

曰不死在此舅曰何以得免義保曰以吾子代之義保遂抱以逃十一年魯大夫皆知稱之在保以是請周天子殺伯御立稱爲孝公

秦攻魏破之殺魏王誅諸公而一公子不得令魏國曰得公子者賜金千鎰匿之者罪至夷公子乳母與公子俱逃魏之故臣見乳母識之曰乳母固無恙乎乳母曰嗟乎吾柰公子何故臣曰今公子安在吾聞秦令曰有能得公子者賜金千鎰匿之者罪至夷乳母尙知其處乎而言之則可以得千金知而不言則昆弟無類矣乳母曰吁我不知公子之處故臣曰我

聞公子與乳母俱逃曰吾雖知之亦終不可以言故臣曰今魏國以破亡族已滅矣子匿之尚誰爲乎母曰吁夫見利而反上者逆畏死而弃義者亂也今持逆亂而以求利吾不爲也且夫凡爲人養子者務生之非爲殺之也豈可以利賞畏誅之故廢正義而行逆節哉妾不能生而令公子禽矣乳母遂抱公子逃于深澤之中故臣以告秦軍追見爭射之乳母以身爲公子蔽矢矢著身者數十與公子俱死秦君聞之貴其能守忠死義乃以卿禮葬之祠以太牢寵其兄爲五大夫賜金百鎰

唐初王世充之臣獨孤武都謀叛歸唐事覺誅死子師仁始三歲世充憐其幼不殺命禁掌之其乳母王蘭英求自髡鉗入保養師仁世充許之蘭英鞠育備至時喪亂凶飢人多餓死蘭英乞丐捃拾每有所得輙歸哺師仁自惟啖土飲水而已久之詐爲捃拾竊抱師仁奔於高祖嘉其義下詔曰師仁乳母王氏慈惠有聞撫育無倦提攜遺幼背逆歸朝宜有褒隆以錫其號可封壽永郡君

五代漢鳳翔節度使侯益入朝右衛大將軍王景崇叛于鳳翔有怨于益盡殺其家屬七十餘人益孫延

廣尚襁褓乳母劉氏以巳子易之抱延廣而逃乞食于路以達大梁歸于益家嗚呼人無貴賤顧其爲善何如耳觀此乳母保忘身狥義字人之孤名流後世雖古烈士何以過哉

鑾幸生司馬文正公之鄉垂髫即知企慕凡公之書雖隻字片言必珍收寶重迨晚遊太學獲識內翰澶淵春陵晁公㮚一日出其家所藏文正公家範示予曰此我遠祖景迂公之所遺也景迂為溫公高弟故得親受是書于溫公比溫公之沒隨遭黨禍故又不得刋布天下而僅世守于家如此也鑾捧讀忻忭如獲拱璧適以文務未遑手錄乃倩人摹寫既越月而始克成編竊惟天下之本在國國之本在家凡家之人誠能父父子子兄兄弟弟以至于祖孫叔姪夫婦

娣姒主僕之間莫不各盡其道而齊其家則達之國而國治推之天下而天下平矣故孟子曰道在邇事在易人人親其親長其長而天下平也溫公家範之作蓋誠知所本矣觀其為政一年而遂致旋乾轉坤之業豈無所自而然哉昔子朱子尊信溫公稽古錄謂小兒讀六經終可使接續讀去予于家範亦云但其字多舛謬不可讀仍俟少暇躬自校讐倘獲寸進勉圖鋟梓使得與傳家集并行于世庶不負為公之鄉後生乎爰記厥由于編末垂示我後人俾知珍守

勿或漫視致遺落云

嘉靖甲寅孟春朔日涑水後學希迂生馬巒子

端甫識

刻司馬温國文正公家範後序

吾夏乃宋太師司馬温國文正公之鄉也先曾太父都諫梅軒翁訓子弟必以温公為楷範以故先太父企慕温公號希迂子于凡温公之書雖隻字片言必珍收寶貯迨晚遊太學與澶淵春陵晁内翰相友善内翰之遠祖景迂先生受學于温公故其家所藏有温公家範内翰嘅曰出畀與我太父我太父受讀忻忭如獲拱璧乃錄以歸藏諸家塾迄今二十有七年矣欲勉圖鋟梓而力實未之逮也先太父弃養之六年為

萬曆乙亥乃我
守軒神君陳公蒞夏之三年也是時政善民和百
隆具舉乃欽崇先哲索温公遺書而刋之家君
乃出以獻且告以故
神君曰吾志也是惡可以弗傳乃命龍及温公之
裔孫雲岳氏校其外訛而亟壽諸梓不踰旬而
工人告成龍仰承
神君之休命稽首而叙之于後曰書靡範何書也
言靡範何言也言書靡範雖聯編綴章贅焉亡
補昔人有是言矣乃家範之為書事事擷古今義

無述作工自卿士下逮庶人凡家行隆美可為世法者罔不備載公之天下允可範俗昔子朱子稱溫公之言如桑麻布粟覩于此而益信矣乃若書之傳則以範吾夏以範四方為

聖朝風化之助又不獨為司馬氏一家之範已耳茲

我

神君命刻之意也其視言書靡範而徒以加災于木聯編縷章而贅焉亡補者相去奚啻天壤但向微晁氏則家範之書不傳于今時微我太父則家範之書不歸于溫公之梓里微我

陳神君則五百載不刋之書不得遍及于天下也其功顧不偉哉嗚呼先大父之藏是書也其用心亦勤矣何幸有好古君子如我陳神君者而鋟梓于今日也耶又何不幸而早逝不得躬逢好古君子如我陳神君者而使之瞑目于地下也耶予于是乎有感

陳神君名世寶字介錫晁內翰名瑮字君石先曾大父名騤字世用先大父名巒字子端家君名珂字公振奉

神君之命而叙之者希迂子之長孫馬化龍也

萬曆三年歲次乙亥孟夏吉旦禹都後學鳳巢

馬化龍頓首謹書

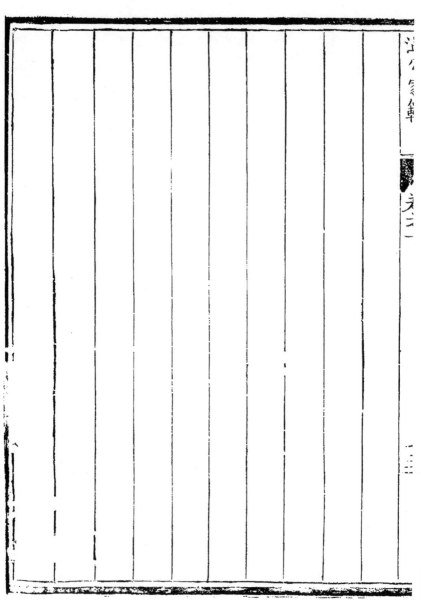

温公家範跋

蚚隨叔父自浙来夏時筊置未久而我

默翁陳侯来宰吾邑凡所以存賉其初復者意靡

弗至及叔父暨蚚龔德教叨領薦簡是其貽惠

于我先文正公者為何如迄今牧用底績而鴻

聞淑譽洽中外行膺

徵命猶取先公所著家範鋟之用以惠夫四方之未

獲覩者夫書以家範名先公之意非敢欲為範

于天下直欲其家範之耳而

侯則梓以廣其傳顧其功不甚鉅且遠哉若不肖

華雖辛有寸蹟實默成于積德詎敢謂遺書能
讀與遺範能遵乎惟我
侯惠施一邑分兼養教即是編之鋟雖謂之丁寧
申飭吾家亦無不宜者晰嗣自今敢不勉篤奮
力求副先訓之百一雖持之以復我
侯德意者固將在是矣且是役所需惟俸料之出
所校以牧愛之餘儷之他鋟者為不侔尤不可
不竊附數語于簡末云
溫公十七世孫癸酉舉人治下門生司馬晰頓
首謹跋